# 停止想太多

# TRUST YOURSELF

Stop Overthinking
*and* Channel
Your Emotions
for Success at Work

——写给——
高敏者的
职场突破指南

[美] 梅洛迪·怀尔丁——著
黄姝 王婷——译

台海出版社

北京市版权局著作合同登记号：图字01-2022-4343



**图书在版编目（CIP）数据**

停止想太多 / (美) 梅洛迪·怀尔丁著 ; 黄姝, 王婷译. -- 北京 : 台海出版社, 2022.12
书名原文: TRUST YOURSELF: Stop Overthinking and Channel Your Emotions for Success at Work
ISBN 978-7-5168-3342-1

Ⅰ. ①停… Ⅱ. ①梅… ②黄… ③王… Ⅲ. ①心理学—通俗读物 Ⅳ. ①B84-49

中国版本图书馆CIP数据核字(2022)第124707号

**停止想太多**

著　者：〔美〕梅洛迪·怀尔丁　　译　者：黄姝　王婷

出 版 人：蔡旭　　封面设计：人马艺术设计·储平
责任编辑：魏敏

出版发行：台海出版社
地　址：北京市东城区景山东街20号　　邮政编码：100009
电　话：010-64041652（发行，邮购）
传　真：010-84045799（总编室）
网　址：www.taimeng.org.cn/thcbs/default.htm
E-mail：thcbs@126.com

经　销：全国各地新华书店
印　刷：北京世纪恒宇印刷有限公司
本书如有破损、缺页、装订错误，请与本社联系调换

开　本：710毫米×1000毫米　1/16
字　数：180千字　　印　张：18.5
版　次：2022年12月第1版　　印　次：2022年12月第1次印刷
书　号：ISBN 978-7-5168-3342-1

定　价：68.00元

谨以此书献给我的父母，

当我毫无自信时，你们仍对我深信不疑，

我全部的爱给你们。

# 目　录

## 第三部分
# 成为你想成为的人



## 第四部分
# 持续的自我发展

# 前言

在世界告诉你应该成为什么样的人之前，

你还记得自己是谁吗？

——查尔斯·布可夫斯基

**一个周六晚上，我突然醒悟了。**

那时我正坐在一家咖啡馆里，店里顾客寥寥，我突然意识到自己犯了一个可怕的错误。

几个月前，我就一直期待能参加好朋友的婚礼。旅馆、车票都已经订好，我迫不及待地想在婚礼上为新娘送上祝福、和大学同学们叙旧。然而，在婚礼前一周，我接到了好几个新项目，我不得不全天候待命、随时投入工作。为此，我感受到了来自内部和外部的双重压力——我需要无休止地拼命完成工作清单上的任务，又对日日逼近的约定日期心怀内疚。我内心当然渴望能度过充满欢笑和放松的时间，但是，我又觉得如果留下来，就可以完成更多的工作任务。我就这样陷入了内心的挣扎，在最后一刻，我终于放弃了休假。看起来我好像做出了正确的决定，但只有我知道，在那个晚上，当朋友们欢聚一堂的时候，我只能孤单地在电脑前忙碌，是多么悔恨。

回顾前半生，我一直是个成绩优异、勤奋自律的女孩，符合所有人的完美期待。在学校我学习刻苦、门门优秀，同时兼顾各项社团活动，最终以班级第一名的成绩毕业，之后获得了哥伦比亚大学社会工作专业的硕士学位，为从事心理健康方面的工作奠定了坚实的基础。我一直梦想成为一名心理治疗师，但是家人和导师都劝我改变志向。他们希望我进入工作更稳定、收入也更丰厚的医疗保健或科技行业。我听从了他们的建议，在曼哈顿一家繁忙的医疗中心任职研究员。

从表面上看，我似乎拥有一切。我有成就，在大城市里生活，有清晰的职业规划。但内心深处，我疲惫、焦躁、不安，忍受着煎熬。我非但没有正视这种心理状态，也没有意识到这些习惯和行为会毁掉我的生活，而是将悲伤和失望都埋藏在心里。为什么别人看起来都很开心，我到底出了什么问题？

我当时还不知道，这种感觉并不是只有我一个人有的。敏感且心怀抱负的人常常过于在意别人的看法，也常常受到世俗定义的成功的影响，因此他们不知道如何将自己的精力投向真正想要的——充满自信和掌控的、更有意义的生活。他们所受的教育告诉自己，成功意味着登上职业阶梯的顶端，即使他们最后登顶成功了，也常常感到空虚，或者在压力的折磨下继续攀登。当精疲力竭时，他们会认为一定是自己的问题，而从未想过，也许他们需要以一种新的方式来面对事业及自己。

回想起来，不参加同学婚礼的决定对我的事业毫无影响，但反思之后，我很高兴自己做出了这个糟糕的决定。这使我在那个夏天的夜晚，不得不停下来仔细审视那些迫使我做出糟糕决定的感受、想法和行为。在过去的三年里，我一直在工作之余运用所学的心理学知识创建一门心理辅导课；而现在我别无选择，只能把为客户设计的工具用在自己身上。当我开始修正那些自我摧残的习惯时，我意识到问题的症结不在于时间管理或是工作流程，也不在于我所追求的新事业，反而在于我的内心：为了去追求所谓的、应该做的事情而忽略了个人幸福，却从未停下来思考这些事情是否真的让自己满足。

经过多年的努力，我逐渐突破了内心的束缚，认清了作为一个努力上进但生性敏感的人，我并没有从事自己真正需要、真正想要的事业。更重要的是，通过心理辅导课，我发现了许多像我一样有一定能力，却又十分敏感的同类人，他们正在与过度思考、情绪反应、完美主义和界限不清等问题作斗争。随着时间的推移，我意识到帮助这个特殊的群体（我称之为“优异高敏者”）是我的职责所在，我希望可以帮助他们从内在的敏感性中汲取力量。这一理想最终引领我离开了医疗保健行业，开始全力打造我的心理辅导课。

作为一个充满激情和动力的人，我试图在职业生涯中找到自己的方向，也试图在这个过程中探索如何停止自我折磨，我希望可以拥有一本像《停止想太多》这样的书。这本书会指导你如何驾驭自己的敏感并享受成功（无论何种成功）而不是感到压力或者彷徨。你会远离那种被焦虑和不切实际的期望所支配的感觉，真正由自己掌控生活。一旦你学会把敏感转化成创造力，你就可以轻松地工作和生活、充分发挥自己的潜能。

这本书借鉴了我作为人类行为学辅导师和教授的经验，将来自客户的真实案例与行之有效的思维工具相结合——这些工具可以帮助我们减轻压力、确认目标、找到忠于真实的自己的自信。这本书的每一个章节，都会为你带来新的认知，布置具体的行动任务，提供引领你做出改变的策略。你完全能够找到一种健康快乐的方式来一展雄心壮志，也完全能够将自己的敏感转变为超能力——这本书将会告诉你应该如何做。

## 你为什么会拿起这本书

你可能正像我一样感到精疲力竭，面对残酷的现实——你现有的工作习惯最终会毁掉你的健康和快乐。你最近可能升职了，换了新工作，或者其他的经历让你觉得机会来了！当然，在这种情况下你希望发挥自己最大的能力——不断成长，达到职业生涯的更高水平。你可能会兴奋，同时也会担忧自己处理问题和应对压力的能力。也许你正面临着不可控的因素或者职业生涯中的不确定性，作为一个优异高敏者（敏感而努力的人），你希望能更好地从逆境中反弹。

无论在什么情况下，你都希望自己内在的感受与外在的成功相匹配。因为重要的是，你可能已经厌倦了当下的生活方式，迫切想要改变并克服不安全感，希望它们不要妨碍职业的发展。

也许你也想……

- 放弃自我怀疑、担忧和恐惧，因为它们限制了你的潜力
- 享受成功，但不以牺牲对你而言最重要的东西为前提
- 获得安全感，而不是潜在的怀疑感

我还敢打赌，你拿起这本书是为了寻找希望——希望能改变，希望能拥有坚定的自信（这种信心与工作产出无关），希望不会因周围的影响而崩溃。我向你保证，你并不孤单。像你一样敏感又上进的人并不在少数，他们已经努力克服了自己的不足，正在迅速地成长，因为他们已经学会了如何将自己的特质引向一条积极的、充满创造的道路。

## 通往个人成就和职业成功的道路

书中提供的工具以我数十年的研究为基础，客户的真实体验证明其行之有效。你可能会辨认出其中一些概念来自心理学，包括认知行为法和正念法。在这本书中，我还将行为改变与神经科学、沟通学、领导力、职业发展等技能融合在一起。

我不会要求你花几个小时回顾童年，也不会要求你说出尴尬、肉麻的个人愿景。相反，你需要采取具体的措施去改变自己的习惯和行为，将它们变得更好——就从今天开始。

在寻找个人成就和职业成功的道路上，典型的步骤如下：

1. 反思你是谁，你想成为谁？
2. 明确你的人生目标和你想要的生活。
3. 改变你的日常行为。

但是，根据我的经验，压力使得许多敏感又努力的人无法从整体上认清自己，因为他们这么多年来已经习惯了去满足别人的需求，现在只能挣扎着去定义自己真正想要的是什么。

这就是这本书需要颠覆传统方法的原因。

- 本书的第一部分会帮助你建立自我意识，这样你就可以理解敏感是如何塑造你的行为、你对于自己和职业的看法。
- 在第二部分，你将开始纠正自毁性习惯（过度思考、情感化、取悦他人等），这样你就能养成更健康的习惯来维护你的敏感，而不是任由敏感把自己逼疯。
- 在第三部分，你将拓宽视野，从而发现自己真正想要的生活（而不是活在别人对你的期望中），这样你才能达成对你而言更有意义的目标。如果你的志向符合自己的核心价值和人生愿景，你会获得自信并最终成为你想成为的人。
- 在第四部分，你将学习克服障碍、更坚定地为自己发声，以及如何通过这些行为获得持续性的自我成长。

没错，我们不会直接去帮你制订长期计划。相反，我们首先会帮助你把精力集中在需要优先考虑的事情上——控制自己每天承受的压力。这本书中的技巧可谓循序渐进，先帮助你实现自我接纳和情绪稳定，然后在此基础上帮助你清醒地展望未来。

## 从这本书中你会获得什么

在每一章中，你会获得三种工具。

**策略**：高水准的行动计划，时机恰当时，你可以小试牛刀。

**遇到了阻力？那么先试试以下小技巧！**如果一开始应用策略觉得有点困难，那么先试试这些小技巧吧。

**练习**：循序渐进的练习题、表格和小测验会记录下你的进步，帮助你突破瓶颈、演练即将学会的策略。这些练习并不会花费你太多时间，只需要你在工作前后或者周末时坐下来完成它们。

在本书中，你还可以找到“说出心里话”这个栏目，它可以让你在轻松的氛围中感受自己的内心，为自己发声。更棒的是，你可以在网络上结交更多有着相似经历的人、找到更多的练习、辅助工具、文章及其他资源。

## 四个核心价值

“相信自己”并非易事，它建立在四个核心价值之上，这四个核心价值贯穿全书，照亮我们通往勇敢的道路。

**1. 目的明确。**敏感的人更深思熟虑，目的更明确。你将在本书中充分利用这些优势，主动思考并掌控你与自己、与工作的关系。在如何与自己沟通、如何应对各种情况、如何决定自己的未来这些问题上，做出清醒的选择。

**2. 真实。**真实意味着抛开规则、期望和他人意愿，真实地面对自己。这可能意味着，当你在做自己认为正确的事时，可能会遇到别人不赞同、不理解、不支持的情况，甚至会引起他人的不满。当你踏上这段旅途，就要遵守对自己的承诺。在这本书中，真实还意味着要坚持对自己诚实，即使真相不那么美好。

**3. 主导意识。**强烈的个人主导意识可以帮助你区分真正的局限性和主观臆测的局限性，以达成你的目标。当你深陷自我毁灭的恐惧，使你无法达成真正的目标时，主导意识可以将你解脱出来。主导意识意味着你将掌控自己的思想、感受、行动——且深知幸福把握在自己的手中。

**4. 轻松。**现在的你可能很难松弛下来。你可能不记得上一次仅是因为好玩而做一件事是什么时候了；每一次遭遇挫折都感觉像是世界末日；生活和工作总是让人感到很困难。如果你也有同感，那么是时候将轻松重新融入你的生活中了。轻松并不总是等于容易，因为“相信自己”是一项艰难的工作！但是我们努力将轻松的氛围、好奇心、试验和开放的精神融入书中，甚至你的生活里。

当你开启阅读这本书的旅程时，想想你要做出怎样的改变，越具体越好。你的收获很大程度上取决于你在这个过程中投入了多少自我、愿意付出多少。记住，有时候你可能会觉得自己向前走了三步，又向后退了两步；你可能会怀疑自己，感觉被恐惧麻痹，或者质疑自己为什么选择这段旅程。当这种情况发生时，你要坚信你在做正确的事情。这些感觉仅仅是因为你的身体与心灵都在试图保护你的安全。承认这些感觉，尊重它们，并理解它们的存在是有意义的（因为所有的成长都需要摩擦）。

如果你实施了书中的策略并且完成了练习——无论是按顺序完成，还是根据所需选择性地完成——你都会从中收获很多。建议你准备一个笔记本，把它当作自己安全而私密的一个小空间，用它来完成所有的练习，同时也用它记录当下的想法和行动。记录可以使这些内容更深地印刻在你的记忆中，同时也可以为日后的不时之需创建一份档案，而且这样做也是在向大脑发送信号，提醒自己这段旅程是目前阶段的重中之重，从而让自己收获更多。

做练习的时候，可以选择让自己专注思考的时间和地点。最重要的是，对自己要有耐心，要记住：循序渐进的、可实现的、不完美的改变会累积，最终取得巨大的成果。别忘了，选择这本书是为了成就你生命中最重要的人——自己。

而我，会在你身边陪伴你、相信你。

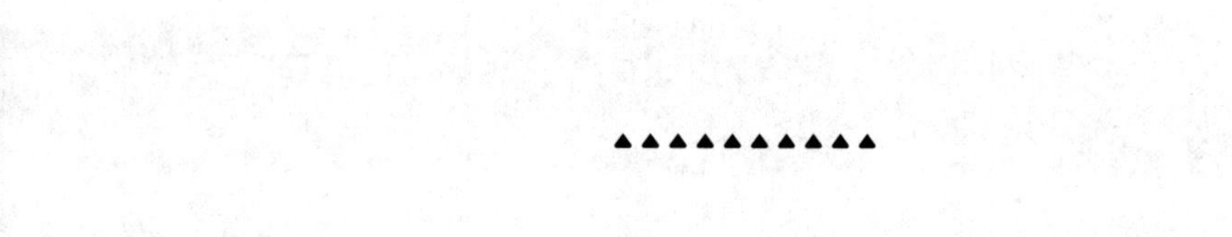

# 第一部分

# 自我意识的构建

# 你是一个<br>优异高敏者吗

我现在明白了，我的生活并不是一团糟，

相反，在这一团糟的世界中，我仍然对一切充满了情感。

——格伦农·道尔

**凯莉的工作扼杀了她的斗志。**

六年前，凯莉在镇政府一个大型机构担任社会服务部主任，带领一个团队努力改善贫困儿童的生活，对此她十分兴奋。领导们一致认为有这样的干劲和雄心，她完全有能力晋升副总裁。三年后，她果然被提升为负责项目、运营和行政的副总裁。

上任副总裁后的第一年，工作有些繁重，但还是可以应付的，但第二年团队就出现了人手不足的情况。起初，凯莉并不在意。她热爱自己的工作，为公司承担更多任务让她感到自豪。而且，职场经验告诉她：好员工总是能够超越自我。

就这样，每周工作 60 多小时逐渐成为常态。凯莉还得在董事会上替老板做决定，因为老板经常缺席。她成了那个无论发生什么，都会站出来收拾残局的人。

后来，在工作职责之外，凯莉还被委派去支援一个由总裁领导的重大项目，她终于到达了崩溃的边缘。巨大的工作量让凯莉不堪重负，头发开始大把脱落，每天都忍受着无休止的偏头痛。超负荷的工作不可避免地波及了她的家庭，因为她无时无刻不在接电话、回邮件，甚至晚餐时也是如此。丈夫说她已经变成了僵尸，女儿抱怨妈妈变得让人不认识了。

一直以来，同事们总是说，如果没有凯莉，公司肯定倒闭。凯莉也认为这些都是对她工作的肯定和褒奖。但是由于公认的“不可或缺”，她就不能拒绝任何任务。她不止一次想向老板坦诚，自己无法胜任这么多工作，可即便是有这样的想法都会使她焦虑不安：如果老板质疑她的能力怎么办？如果老板开除她怎么办？她只能告诉自己要加倍努力——拼命完成那些不可能完成的任务。

后来，凯莉因呼吸急促和胸痛住院，被迫休假两个月，她有些醒悟了。她本以为充分休息后自己会重新振作，但是她从踏回办公室的那一刻起，就感到万分恐惧。这一次，她决定寻求帮助，请我当她的教练。凯莉觉得自己的生活已经脱离了掌控，每天都是一场漫长而疲惫的“打地鼠游戏”，她感到自己被无数工作包围却毫无进展。她迫切希望生活回到正轨，重新找到掌控感。同时，失去一切的恐惧和全力以赴的习惯又促使她不断牺牲自己来推进工作。

凯莉的案例有些极端，但许多客户都有着和凯莉相似的经历——用自己的幸福去交换事业上的成功，有的人仅仅换来“工作的完成”。即使意识到了不对劲，他们也不知道如何改变，更不确定放弃固有的想法、习惯和行为会带来什么结果。他们只能背负着超负荷的工作，同时也深受自己情绪的困扰。

对于如凯莉一样的群体而言，无论是工作上还是生活上，突如其来的醒悟是突破困境的第一步。我把像凯莉一样的人称为“优异高敏者”。

## 何为优异高敏者

优异高敏者是成就卓著的人，他们对于自身情绪和周围的世界有很强的适应力。许多人在学生时代一直是优等生，毕业后他们又将奉献精神和雄心壮志带入职场。然而，尽管许多优异高敏者在职业生涯中迅速崛起，但是他们经常要同压力、焦虑、自我怀疑长期斗争。

如果这些能引起你的共鸣，欢迎你翻开本书，以下文字正是为你而写。作为一个优异高敏者，你有时会对自己寄予过高的期望，达不到你就感到沮丧，甚至会出现“过度思考”。可能你还容易变得非常脆弱，具体表现为哭泣、恐慌或全盘放弃，这是因为敏感和优异这个组合非常不和谐。最近在 INS[1] 上，我的一位粉丝将这种“不和谐”总结为：“我对任何事情都用力过猛。”

## 一个优异高敏者并不是……

你心里可能会想，优异高敏者就是另一种形式的完美主义者，是一个能力超群的人，或是一个内向的人。虽然优异高敏者的性格可能与其他人格类型重叠，但任何性格都无法解释优异高敏者所面临的困境。例如：

**并非所有敏感的人都内向。**敏感的人和内向的人拥有许多共同特质，但研究表明，大约 30%敏感的人性格外向。而且，许多内向者也不会像优异高敏者一样，将较高的职业道德视为自己的核心特质。

**并非所有的完美主义者在职业生涯中都具有自我意识或成就**

1.Instagram 的简称，一款免费提供在线图片及视频分享的社交应用软件。

**感**。事实上，最成功的人中只有少数人是完美主义者，因为过于完美主义会阻碍工作的推进并导致决策瘫痪。

**并非所有能力超群的人都是敏感的**。也许你是个能力超群的人，但未必会因敏感而产生过度反应。当遇到冲突、设定权责边界、平息消极意见时，并非所有能力超群的人都会觉得棘手。

### 你是一个优异高敏者吗？

如有同感，请勾选对应选项

○ 我内心的情感十分深刻和复杂。

○ 我有一种强烈的愿望，希望在生活的各个方面都能超越自己的预期。

○ 我认为自己目的性很强，喜欢自我鞭策。

○ 我渴望意义和满足感。

○ 采取行动之前，我需要时间仔细考虑如何做决定。

○ 我内心不间断地进行自我批评。

○ 我善良、富有同情心、善解人意。

○ 我具有敏锐的感受力。

○ 我经常将别人的需求置于自己的需求之上。

○ 我发现很难设定权责边界，而且我说了太多的“好的”。

○ 我一直在与疲惫作斗争。

○ 我很容易受到压力的影响。

○ 我努力让大脑歇一下，因为它总是充满了各种想法。

○ 我有强烈的情绪反应。

○ 知道自己被监视或评估时，我会感到焦虑。

○ 我对自己的要求很高。

○ 我努力把事情做好，如果我犯了错误，我会严厉地批评自己。

○ 我经常陷入犹豫不决和分析短路之中。

○ 我十分重视反馈和评价。

如果你勾选了九条以上，你就是当之无愧的优异高敏者。

## 是什么造就了一个优异高敏者

敏感并非缺陷，而是自我不可分割、不可改变的一部分。作为一种人格特质，它源于两种途径：

1. 天赋，即遗传学和生物学等先天特征。
2. 习得，即教养和环境。

## 天赋：来自基因的礼物

大约 15% ~20%的人会遗传一种特殊的基因，这种基因会引发高度敏感。最早发现该特征的心理学家伊莱恩 · 阿伦博士认为，高度敏感是一种“先天生存策略”，它曾帮助人们应对史前时代复杂的生存环境。

如今我们已经不需要野外求生，但是“高度敏感”仍然是一项宝贵的特质。研究发现，具有较高敏感特质的人更容易做出巨大的贡献，他们具有创新精神，追求公平，会以一种超越他人的方式领导团队。

但是，对于细微交流和内心感受的过分在意也常常会令高敏者十分沮丧。普通人略微感到压力的状况，可能会导致高敏者大脑停摆。更有甚者，在面对极大幸福和喜悦时，他们也会倍感疲惫。2015 年，在《澳大利亚心理学杂志》上发表的一项研究表明，敏感的人会采用特殊的方式处理内心的情绪，因此会带来更大的痛苦感。当事情进展不顺利时，压力荷尔蒙会猛增，而且他们很难说出压力对自己产生的影响。研究人员还发现，如果拒绝面对自己的情绪，他们则会感到更加沮丧和无能为力。

## 习得：敏感的养成

尽管基因是构成敏感特质最重要的一部分，但是你所接受的教育也会影响你对自己和外界的反应。从小时候起，父母、老师和朋友可能就告诉你：不要压力太大，不要大惊小怪，也不要因为太矫情而自寻烦恼。工作以后，老板和同事也告诉你：你可以更洒脱一些。你也想知道，为什么别人能够从容、自信地应对挑战，而一件小事却会使你困扰数日。

即使你的感觉是对的，你也可能会怀疑自己，认为必须要改变自己才能被别人喜欢和接受。作为一名优异高敏者，我的生活也充满了来自他人的批评和自我的不安全感。在成长过程中，我觉得自己越来越奇怪，在别人眼中的缺点越来越多。从大学毕业时起，我已经学会了隐藏自己的真实需求和感受，只让别人看到他们想看到的东西。像许多优异高敏者一样，我经常把自己逼到崩溃的边缘，以求达到别人对自己或是自己对自己超出正常范围的高期望。如果放任这种情况发展，接下来你会将目光投向自己以外，不断希望获得别人的认可，而忽视自我认同。更糟糕的是，你无法对自己的敏感善加利用，以获得更多的力量，甚至超常的能力，反而会像我一样，试图将自己的敏感隐藏，只有在求生欲极强的时候才会展现。但是，如果你曾经尝试过这样做，那你已经知道这种做法是行不通的。当你拒绝展现自己的本性时，就等于在自己的大脑里发起一场战争。

这一点对于女性来说尤其明显。尽管不少的研究表明，男女之间在敏感性方面没有差异，但历史和社会现实不容忽视。例如，女性在成长中被教导要包容和服从。有将近45%的女性表示她们不允许自己失败。压力之下，她们的反应大多是担忧过度，以及因消极结果而自责——这些反应都是优异高敏者特有的，来源于他们大脑的深刻思考和感觉。认为女性应该有礼貌、轻声细语、讨人喜欢的传统观念，会减弱女性的自我肯定，阻碍女性的职场进步。另一方面，大男子主义思想会阻碍男性拥抱自己的敏感天性，因为敏感特质通常被认为是软弱无能的表现。结果，许多男性花了数十年的时间否认自己的天赋，拒绝接受更适合自己的生活方式。

## *策略：了解自己*

也许你会在以下一些描述中轻易地找到自己的影子，而另一些描述则可能不那么熟悉或与你完全不同。没关系，与其他人格一样，优异高敏者的核心特质也类似光谱，内含很多不同的程度与分类。

**敏感：**你可以轻松地处理复杂的信息，因为你具有敏锐的洞察力，对自身和周围发生的事情有着更强烈的感知。你更擅长结构化的、有规律的工作，反之你会极易陷入被过度激励的局面，这种情况在压力之下更为明显（无论真实的还是想象的压力）。

**深思熟虑**：你具有高度的自我意识、反思能力和直觉性。你可以看到事物的细微差别，可以把握综合信息，这些能力使你的创造力十分突出。

**责任**：你值得信赖，人们信任你，并期待你的帮助。你一直努力工作（也许这就是错误的开始），你可以接受自我牺牲，但无法忍受让别人失望。你想要被别人喜欢、想要取悦别人，这种欲望永无止境，令你疲惫不堪，最终导致你精神透支。

**内驱力**：在工作乃至生活的各个方面，你都会努力达到并超越预期目标。你将大量精力投入工作中，十分渴望可以做出成绩。最让你兴奋的事情就是达成目标和按计划完成工作。但是，为了更加成功，你常常会追求不切实际的目标。

**警觉**：你可以迅速适应变化，可以敏锐地意识到周围环境的微小变化，上至整个会议的氛围，下至老板细微的肢体语言。你善于倾听，并尝试对人们的需求做出回应。但是，时刻处于高警戒状态会令你精疲力竭，有时你所感到的危险或威胁可能并不存在。

**情感化**：你真诚又善解人意，感情强烈又复杂，你可以体会到丰富的积极情感，例如，受启发和感激，但也容易陷入烦恼和失望等令人不快的感觉中。

下面这张表可以帮助你理解优异高敏者六种核心特质在发展平衡与不平衡时的对应表现。

| 优异高敏者核心特质 | |
|---|---|
| **敏感** | |
| 不平衡发展时 | 平衡发展时 |
| 大部分时间都很紧张、焦虑 | 即使在压力下也能保持沉着冷静 |
| 花很长时间才能放松 | 为自己留出足够的休息时间，甚至停工休整 |
| 身体处于紧张和恐惧的状态 | 能够利用直觉来更好地做决策 |
| **深思熟虑** | |
| 不平衡发展时 | 平衡发展时 |
| 无法做简单的决定 | 具有反思能力，考虑问题深入，有目的地行动 |
| 被忧虑和冒充者综合征[2]所困扰 | 经常进行结构清晰的自我对话，拥有坚定的自信 |
| 总是纠缠不必要的细节 | 能产生令人耳目一新的创新想法 |
| **责任** | |
| 不平衡发展时 | 平衡发展时 |
| 不请自来，渴望解决问题，期望别人满意 | 专注，能明确自己的权责 |
| 因为自己做得不够或没能帮到别人而感到难过或内疚 | 委派别人有效地解决问题 |
| 很难拒绝别人,只能寻求心理帮助 | 坚持自己的标准，在压力、比较或取悦别人等方面不卑不亢 |

2. 冒充者综合征是保琳和苏珊娜在 1978 年发现并命名的，又称自我能力否定倾向，是指个体哪怕已取得了不小的成就，他也拒绝承认，感觉是在欺骗他人。

| 优异高敏者核心特质 | |
| --- | --- |
| **内驱力** | |
| 不平衡发展时 | 平衡发展时 |
| 超负荷工作，直到精疲力竭、崩溃 | 把注意力放在不断学习、成长和进步上 |
| 不工作时，会觉得自己懒惰；工作时，又无法抽出时间休息 | 制定一些可实现的、对个人有意义的目标 |
| 极其注重结果和外界的褒奖 | 做好精力管理的情况下，取得持续的进步 |
| **警觉** | |
| 不平衡发展时 | 平衡发展时 |
| 十分敏锐地察觉他人的需求，并恭敬地对待 | 与他人和谐、默契，结成强有力的关系 |
| 对细微状况过度解读和担忧，尽管一切顺利 | 能够评估风险，并做出正确的判断 |
| 在沟通交流中表现得很被动 | 把注意力集中在自己身上，重视自己内心的诉求 |
| **情感化** | |
| 不平衡发展时 | 平衡发展时 |
| 因强烈的、不愉快的情绪而不能正常工作与生活，这种情况可持续数小时或数天 | 充满积极的感觉，如快乐、自豪和满足，毫无负罪感 |
| 表面粉饰太平，内心却思绪万千 | 调动情绪，有效地工作，行为具有建设性 |
| 情绪起伏大，不断变化 | 接受自己的情绪，并用灵活的方式来处理情绪 |

虽然这看起来和我们想象的有差别，但是当这些特质走向极端时，可能成为我们的负担。例如，注重细节是好的，但是如果你在每次发送邮件之前，都要阅读10遍以上才能按下发送键，你的工作效率就会在不知不觉中变得极其低下。如果你的忠诚和热心达到极端水平，那么你就会无法忍受团队中必然会存在的个性差异，或者使你无法划清自己的权责界限，进而无法维护自身的快乐与幸福。因此，以下几点十分重要：了解自己，了解优异高敏者特质如何影响你的生活，重新平衡那些没有平衡发展、走向极端的特质。

接下来，让我们来花点时间想想你上个月经历的一切，想想你选择这本书的原因。你将进一步了解自己，面对更真实的自己。从下面的量表中，1~10之间选择一个数字来表示你对以下陈述的同意程度。别想太多，诚实地评价自己即可（即使你不能给自己满分也无所谓）！这个评估是弄清楚你的这些特质是否平衡发展的第一步。

在本章的后面，你将使用这些数字来确定自己的心理状况，以及确定未来几周、几个月和几年中你想要达到的心理状况。毕竟，了解自己并不意味着改变自己，或者变得不那么敏感和野心勃勃。相反，了解自己实际上是为了更有效地发挥你的核心特质，这样你就可以成为你想成为的人。

| 优异高敏者核心特质量表 | |
|---|---|
| 敏感 | 即使周围发生了很多事情，我也能够保持冷静和沉着。 |
| | 完全同意 10 9 8 7 6 5 4 3 2 1 勉强同意 |
| | 我有足够的休息时间。 |
| | 完全同意 10 9 8 7 6 5 4 3 2 1 勉强同意 |
| | 我对自己的精力管理和日常习惯感到满意。 |
| | 完全同意 10 9 8 7 6 5 4 3 2 1 勉强同意 |
| 深思熟虑 | 我做决定时不会纠缠于不必要的细节。 |
| | 完全同意 10 9 8 7 6 5 4 3 2 1 勉强同意 |
| | 我不会让不安全感和疑虑分散对手头任务的注意力。 |
| | 完全同意 10 9 8 7 6 5 4 3 2 1 勉强同意 |
| | 我可以暂时不去想其他的事情，这样当我工作的时候，就可以进入一种深度聚焦的状态。 |
| | 完全同意 10 9 8 7 6 5 4 3 2 1 勉强同意 |
| 责任 | 我能有效地分配任务，并在需要的时候寻求别人的帮助。 |
| | 完全同意 10 9 8 7 6 5 4 3 2 1 勉强同意 |
| | 当我对自己许下承诺时，我通常会信守承诺并坚持到底。 |
| | 完全同意 10 9 8 7 6 5 4 3 2 1 勉强同意 |
| | 在工作任务、同事、突发情况面前，我能够礼貌地说“不”，不用担心自己会显得粗鲁或刻薄。 |
| | 完全同意 10 9 8 7 6 5 4 3 2 1 勉强同意 |

| 优异高敏者核心特质量表 | |
|---|---|
| 内驱力 | 我把大部分时间花在具有较高价值的工作上。 |
| | 完全同意 10 9 8 7 6 5 4 3 2 1 勉强同意 |
| | 我制定目标的根据是，这个目标要有趣、令人兴奋、能受到鼓舞。 |
| | 完全同意 10 9 8 7 6 5 4 3 2 1 勉强同意 |
| | 考虑到其他任务，我的目标需要是现实的和可以实现的。 |
| | 完全同意 10 9 8 7 6 5 4 3 2 1 勉强同意 |
| 警觉 | 我需要平衡自己和周围人的需求。 |
| | 完全同意 10 9 8 7 6 5 4 3 2 1 勉强同意 |
| | 在我的职业生涯中，我每次冒险都经过思考，都是明智的，都有助于我的进步。 |
| | 完全同意 10 9 8 7 6 5 4 3 2 1 勉强同意 |
| | 我对自己的工作环境非常谨慎，要求很高，我为自己创造出了最适合的工作环境。 |
| | 完全同意 10 9 8 7 6 5 4 3 2 1 勉强同意 |
| 情感化 | 我不认为反馈或批评是针对个人的。 |
| | 完全同意 10 9 8 7 6 5 4 3 2 1 勉强同意 |
| | 我能够从自己的情绪反应中悟出道理。 |
| | 完全同意 10 9 8 7 6 5 4 3 2 1 勉强同意 |
| | 坏心情通常不会对我有太大影响。 |
| | 完全同意 10 9 8 7 6 5 4 3 2 1 勉强同意 |

## 遇到了阻力？

**1. 试着使用高敏感滤镜来审视自己的行为。**如果你一开始很难给自己定级，请不要担心。在接下来的几天里，你的大脑会过滤一遍你的工作和生活，将任务和状况分为两类（你十分自信能够处理好/在处理中总是遭遇困难的）。然后扪心自问，在面对这两类情况时，你都展现了哪些优异高敏者核心特质。

**2. 构建一个充满理解和支持的环境。**那些曾被隐藏的特质可以帮助别人更好地了解你。告诉你的家人、亲密的朋友、值得信赖的同事，你是一个优异高敏者，并向他们介绍你的核心特质。他们的支持和反馈至关重要，有助于判断自己的优异高敏者核心特质是否平衡发展，你可能还会发现自己的同类。

**3. 专注于积极的一面。**传统解决问题的方法是将重点放在消极的一面，并尝试解决问题。而现在正相反，我们希望你可以无限靠近自己的最好状态，不断提醒自己作为优异高敏者的核心特质以及它们如何可以成为你的宝贵财富。

## 凯莉的行动策略

在第一次对话中，凯莉谈到过去一年发生的事以及她打电话给我的原因。她从未想过自己会休病假，而且令她感到惊讶和沮丧的是，下班后她已经额外花费了大量时间，居然还是不能走出她面临的困境。她担心如果这种状况持续下去，她恐怕不得不离开自己喜欢的行业或进一步牺牲自己的健康，但是她不知道从哪里开始改变，而且无法准确地说出到底是什么地方出了问题。我向凯莉保证并不需要解决什么问题，并向她解释了“优异高敏者核心特质”的概念。在我们第二次对话之前，我请凯莉完成在本章的“优异高敏者核心特质量表”。

第二次见面时，凯莉说这是她第一次能够表达自己的感受和痛苦。她正需要“优异高敏者核心特质”这样的框架，来思考如何改变自己的生活。对于凯莉来说，这是一次突破，她清楚地知道了自己并没有出现严重的问题，只需要以不同的方式来管理自己即可。她意识到不能像别人一样对自己抱有高期望，这种认识使她可以退后一步，看到更多的东西，从而可以准确地评估自己真正想要做出的改变，并优先处理。

当凯莉自检时，她注意到自己在几个方面的评分很低，但她更想知道自己在“深思熟虑”上的不平衡是如何导致消极的自我对话的，例如责备自己未能跟上工作进度并要求自己更加努力。

随着我们深入地讨论“深思熟虑”特质，她逐渐能够将这种特质视为一种财富，认识到当公司需要创新的方法来接近特定的目标人群时，这种特质尤为重要。她所面对的困难并不是因为她无能为力，而是因为自己的特质虽然可以为公司、团队效力，却没有很好地为她本人服务。

凯莉努力以崭新的眼光看待自己，尽管她希望达成的目标还需要一些时日，但她意识到自己能够提高评分，能够利用自身特质取长补短。首先，她和一个值得信赖的同事坐下来，述说自己最近又感到被压力包围，不知所措。听到这些话，她的同事感到很惊讶，因为每当有额外的任务需要处理时，总是凯莉第一个站出来承担。于是两人协商，在接下来的六个月中，将对不断增加的工作量设定严格的限制，制订新的项目计划，确定未来工作的重中之重就是——招聘更多员工。虽然凯莉对于寻求他人的理解和帮助的事仍然心存担忧，但她知道想要实现真正的改变，对于自己并不了解的这些新方法，她必须泰然处之。

最重要的是，她开始将在本书其余章节中的技能一一付诸实践——你稍后也会读到包括平息自我批评、关照自己的情绪、学习如何自己发声等内容。在第九章中你会看到，付诸实践的过程并不是一帆风顺的，但在重返工作的几个月内，凯莉开始客观地思考自己的职业，开始理解（并保护）自己的敏感，并利用这一点让自己变得更好。

## 练习

# 平衡轮

这里我想向你介绍一种可视化工具——平衡轮，帮助自己确定优异高敏者特质的平衡程度。我将凯莉的平衡轮展示给大家，大家也可以自己尝试一下。

### 说明

**1. 给自己打分。**还记得你之前完成的“优异高敏者核心特质量表”吗？请将每个答案取平均值，这样每种特质都会得到一个分数。平衡轮上的每个切块就代表你目前的平衡程度。

**2. 明确你当前的现实状况。**根据六种特质所得到的不同的分数，在切块上对应地画出一条线并将其内部涂成阴影（请参见下图示例）。

**3. 明确你想要达到的状况。**根据你希望在六个月后达到的平衡程度，对平衡轮上的每个区域进行评分。在切块上画一条虚线表示这一分数。

**4. 整体检查平衡轮。**如果感觉不符合，可以调整分数，但不要因自认为分数应该更高而增加分数。

**5. 关注你的上升空间。**阴影部分和虚线之间的空间就是你的上升空间。在每个切块的外侧写下两个数字之间的差，各个切块的上升空间并不相同。所以，在阅读本书的后续章节时，你会首先致力于改善哪方面的特质呢？我们的目的并不是实现完美的平衡，而是不断评估自己是否在朝着平衡的方向而努力。

## 平衡轮

凯莉

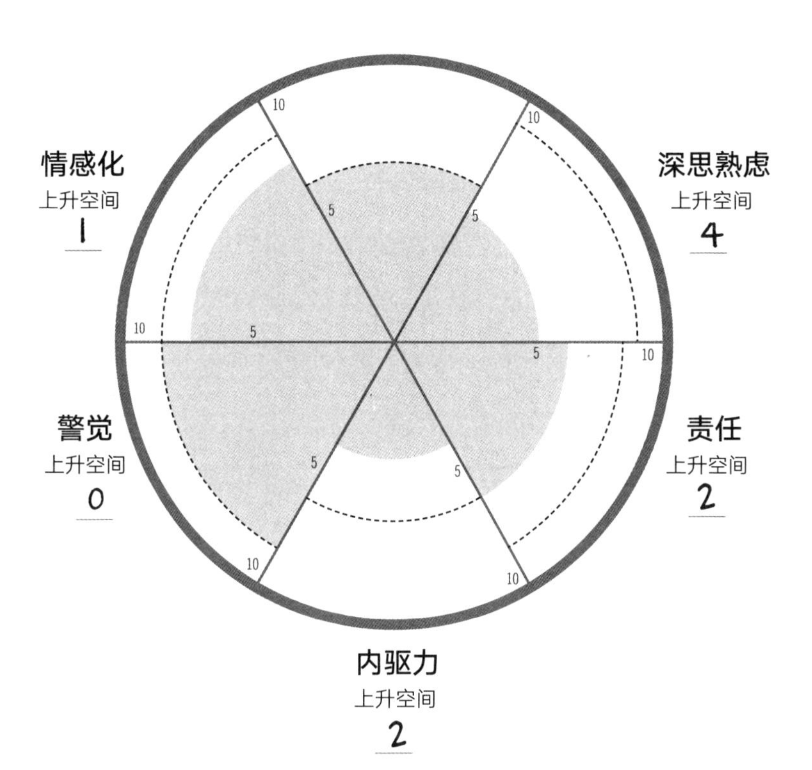


| | 增长差距 |
|---|---|
| 敏感 | 0 |
| 深思熟虑 | 4 |
| 责任 | 2 |
| 内驱力 | 2 |
| 警觉 | 0 |
| 情感化 | 1 |

## 平衡轮

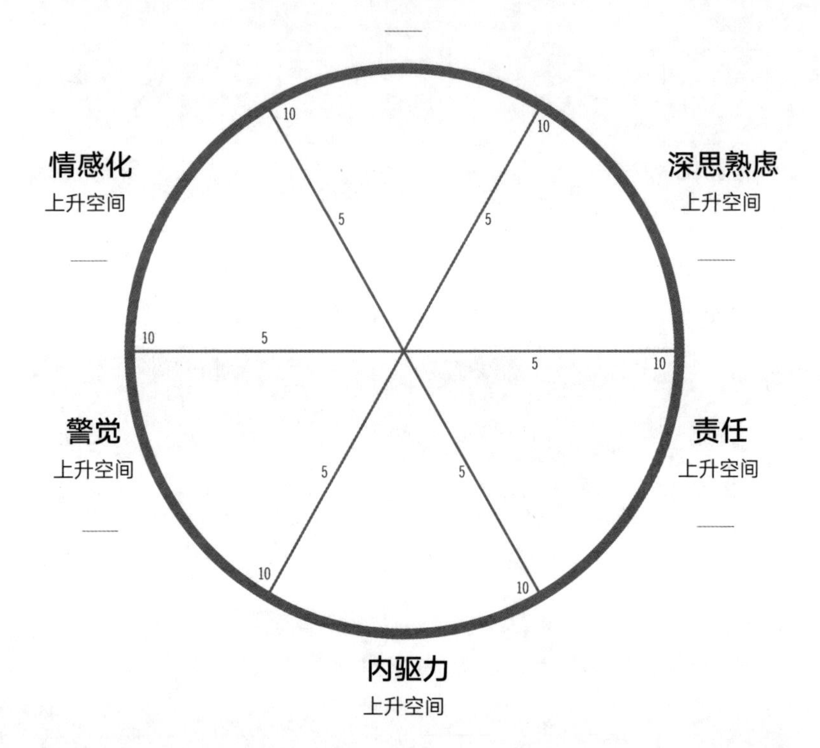


| | 增长差距 |
|---|---|
| 敏感 | |
| 深思熟虑 | |
| 责任 | |
| 内驱力 | |
| 警觉 | |
| 情感化 | |

# 什么是<br>荣耀光环宿醉

当我们经历所谓成长、改变，脱胎换骨时，

我们有可能并没有变得更好……

仅仅是回到了我们一贯的状态。

——莉萨·奥利弗

**周五下午一点，艾丽西娅坐在厨房餐台前**，心烦意乱地在浏览器上刷着十几个不同的招聘页面。“如果我现在做出改变，只能从头再来，”她心想，“但是，如果我不尽快迈出这一步，我可能会永远困在这里。”作为一家大型杂志社的广告销售副总裁，艾丽西娅深知她有一份不错的工作：令人羡慕的收入，很多额外的津贴和福利，比如允许周五居家办公和较长的产假。因为打算生孩子，她现在比任何时候都需要这些福利。正苦恼不堪，妹妹来厨房泡茶，随口问道："你昨晚的酒还没醒吗？"艾丽西娅摇了摇头，前一天晚上她根本没有出去喝酒，如果她看起来像是宿醉，那也是"荣耀光环宿醉"（一种杂糅了完美主义、取悦他人和过度劳作的混合感觉）带来的眩晕感。

17年前，艾丽西娅充满干劲地投身广告行业。她工作勤奋、事无巨细，一路稳步晋升。薪水一涨再涨，但她对广告推销的兴趣却在逐渐减退。从表面上看，艾丽西娅已经成功了，但是这些年来，她越来越后悔自己入错了行（并且一直自责）。她常常怀疑自己是否把职业生涯中最重要的几年浪费在自己不再感兴趣，或者说对自己不再有意义的工作上。艾丽西娅一直擅长建立和维系人际关系，但在个人关系方面却并不如意，她的团队伙伴很少邀请她一起午餐或者下班后小酌，她觉得独自在办公室里很孤独。尽管艾丽西娅对于自己从实习生升任为董事的经历十分自豪，但她意识到自己只是对于公司、对于自己负责的新业务才有价值，她甚至有些鄙视这件事。当我们第一次见面时，她告诉我："签署大额订单丝毫不会令你兴奋，反而让你精疲力竭。而伴随着经济衰退和公司裁员，这种压力正在与日俱增。"

显然，艾丽西娅需要改变自己的生活，但是目前占据她大脑的只有一件事——面对挑战时所收获的能量和决心，是怎样一步步慢慢演变成了目前的困惑和绝望。“内驱力”曾经很好地引领她，如今拉扯着她不断向错位的目标前进。由于她有太多担心：别人会怎么想；鉴于目前的经济状况，自己是否有能力做出改变。而她曾引以为傲的、敏锐的“警觉”反而正努力阻止她做出任何改变。她知道自己还有很多可能性，但又觉得放弃目前的成就会辜负自己之前的付出。

多年来，艾丽西娅一直沿着自己设计的道路奋进着。像许多优异高敏者一样，她是一个自我鞭策（做自己“该”做的事）的大师。许多优异高敏者的成年生活都类似于一场表演，努力扮演那些他们想象中的、为了成功而需要成为的人。我经常在客户身上看到这种情况：他们全力拼搏以获得第一次晋升，他们领导着世界各地的大型团队，但是，他们都像艾丽西娅一样，尽管取得了不小的成就，却依然在犹豫不决和缺乏自信中挣扎。

为了感受到自己的价值，优异高敏者试图通过追求外界的承认、晋升、荣誉和认可来获得自尊。他们（在潜意识中）相信，如果能够付出更多的努力，他们就会获得更好的体验，所以他们会付出更多的努力、更长的时间投入工作，以消除心中的失败感。他们内心缺乏安全感，只能从外界获得自信。成功带来的兴奋可能会暂时让他们满足，但当兴奋感不可避免地消失时，这些优异高敏者就会感到不满和疲惫。这个循环正凸显了前面所说的“荣耀光环宿醉”会导致优异高敏者对成就上瘾。

## 人生中最糟糕的宿醉：荣耀光环宿醉

荣耀光环宿醉无法用熏肉、鸡蛋和奶酪三明治来治愈。这种宿醉是对荣耀上瘾的一种表现，从童年开始就与优异高敏者为伴，一直跟随他们进入职场。这种宿醉和过度饮酒之后的宿醉有着同样的症状：焦虑、疲劳、空虚，当那些曾经帮助你在学校里脱颖而出的信念和行动开始拖你的后腿，使你失去内心的平静时，你就已经出现了这种宿醉的反应。

毫无疑问，在我的学员们学会相信自己的过程中，荣耀光环宿醉是他们面临的最大障碍。但是，一旦将自我价值从既往的成就中剥离出来，他们就会意识到自己可以从富有成效的工作中找到意义，并且在投入工作时不会被工作所控制。

荣耀光环宿醉表现为以下形式。

- **专注于设定目标。**你喜欢设定目标，而且设定了很多目标，以至于没有目标你会感到迷茫。只有达到目标，你才会感受到自己的价值；如果没达到，则会认为自己一文不值。
- **如果你不是最优秀的，就意味着你需要努力变得更优秀。**在你的一生中，你一直努力追求完美——在学校、在课外活动中，而现在是在工作中。对你来说，成绩只要不是A+就意味着失败，仅仅达到绩效考核的要求就像在考试中得了个“及格”，让你好几天都羞于见人。

- **觉得自己像个冒牌货。**尽管你受过良好的教育和培训，拥有丰富的经验，但你还是感觉自己知道的东西不如同事或同龄人多——这就是所谓的“冒充者综合征”。你担心自己说出无知的话语，或提出愚蠢的想法，这些都会暴露出你的“有名无实”。
- **专注于以正确的方式做事。**你坚持按部就班地打卡每一项任务，否则就会觉得不对劲。细节对你来说很重要（即使没有人据此给你打分）。
- **不断鞭策自己更努力地工作，并不是更明智地工作。**你永远不会对自己感到满意，尤其是当你休息时，这种不满会更加明显，因为你很可能会认为休息是在浪费时间，是不应该的。只有当你的日程表里排满了工作，你才会对自己满意。
- **渴望“全优”的业绩。**你期望得到老板、同事或其他重要人物对你的赞许，如果没有得到他们的肯定，你会感到失望。
- **当犯了错误时，你会责备自己。**即使一次失败对职业生涯没有太大的影响，你也很难重新振作起来。在工作中出现纰漏时，你会感到羞愧，而不是内疚。羞愧的人会认为自己是坏人，而内疚的人则会认为自己仅仅是做错了事。
- **你的情绪就像一列失控的火车。**对于优异高敏者而言，情感化很正常，但是“荣耀光环宿醉”会令你超级敏感——令你对日常压力、不顺利或他人反馈产生强烈的自我批评和情绪反应，因此你可能经常无缘无故地情绪化。

## 荣耀光环宿醉的三要素

有三个因素导致了荣耀光环宿醉。

- **完美主义。**完美主义会导致你过分强调自己的弱点，低估自己的长处。表面上你会常常纠结于自己的错误，总觉得必须证明自己。但事实上，完美主义并不意味着完美无瑕（你可能也意识到完美无瑕是不可能的）。在表面之下，完美主义实际上是一种应对机制，通过控制或分散注意力来应对恐惧——你相信自己必须看起来光鲜亮丽、无可挑剔，这样就没有人会看到你内心的挣扎。完美主义也会让你确信只有一种正确的方法可以做某件事，其他任何方式都是不可接受的。
- **取悦他人。**大家都愿意做充满善意的同事或者大力支持下属的领导，但是如果始终把他人放在第一位，通常你的职业幸福感会大打折扣。例如，为了取悦他人，即使你有更好的解决方案，也只能赞同同事的未必合适的方案。从本质上讲，由于你的思考和行为方式都在消解自己的核心价值，因此取悦他人的具体表现就是强烈渴望得到别人认可，对自己的需求却不屑一顾。由此产生的不安全感可能会迫使你进一步顺从他人的意见和期望——即使你不想这样做——并且可能使你很难在应该拒绝的时候说“不”。

- **过度劳作。**你是个可靠的员工，信守诺言，总在规定期限前完成工作。但是作为一个过度劳作的人，你担心如果自己不做点什么，其他人也不会做。但是，这样勉强自己是要付出代价的，你可能会给自己安排太多工作，或者把别人的责任当成自己的来承担，例如，在晚上和周末加班来完成整个团队的工作。你甚至会觉得别人的反应也是你的责任（相信我，绝对不是）。这种心理负担会带来无法忍受的精疲力竭。除此之外，过度劳作的最大问题是会产生一种不健康的动力，使你无限容忍其他人的不作为。当你承担起解决问题和拯救别人的责任时，被拯救者反而可以不必做自己的那部分工作，这样的行为积极一点说是打击别人的工作热情，消极一点说则是害了他们。

荣耀光环宿醉

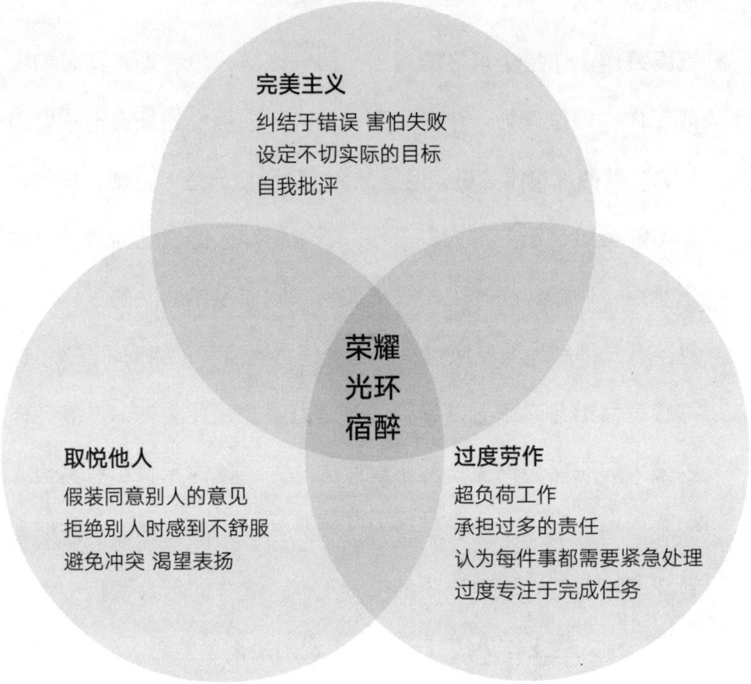

完美主义

纠结于错误 害怕失败

设定不切实际的目标

自我批评

荣耀光环宿醉

取悦他人

假装同意别人的意见

拒绝别人时感到不舒服

避免冲突 渴望表扬

过度劳作

超负荷工作

承担过多的责任

认为每件事都需要紧急处理

过度专注于完成任务

## 假装感觉良好无济于事

由于没有办法应对荣耀光环宿醉，许多优异高敏者不得不努力隐藏他们的空虚感。当隐藏不下去时，他们会试着假装，一直到他们能暂时抛开自我怀疑，以为自己已经感觉良好。荣耀光环宿醉让我们误以为，只要我们能完成足够多的工作，或者达到最低要求，就可以获得认可和价值，而这种想法是不合理且不可能的，也绝非职场里的法则。在职业生涯中不断追求优胜不仅无意义，而且有害。这样做只能让你精疲力竭，更重要的是，它会让你距离对你最重要的和最好的东西越来越远。

安妮·海伦·彼得森就是这样一个女人，她渴望在事业和人生中获得成功，这种渴望直接导致了她的精疲力竭。正如她为BuzzFeed（一家网络新闻媒体公司）所写的那样："我已经内化了我应该一直工作的想法……因为从年轻时起，我生活中的每一件事和每一个人都在明里暗里强化了这种感觉。"安妮的荣耀光环宿醉表现为疲惫、不顾后果、无法克制地去工作和完成任务的冲动。她开始注意到，虽然她可以熟练地平衡工作、财务、健康甚至跨国搬家，但几周以来，她一直忽略了自己的基本需求，比如预约医生或给朋友发电子邮件，而这些事情本可以让她工作之外的生活更轻松、更美好。安妮感到羞愧，而且不能像其他人一样可以轻易摆脱拖延症。随着安妮对事业和生活之间的失衡进行更深入的挖掘，她意识到问题的根源并不是缺乏欲望或时间，而是几十年来她都试图达到以下目标的结果，这些目标是：

- 找到一份好工作。
- 在众人眼中很"酷"。
- 充分发挥自己的热情。

她的成长经历使她觉得生活和事业就是一系列的竞赛，她从未意识到这二者也可以共存、学习和成长。

安妮和无数像她一样的优异高敏者的经历都印证了一个研究结果——人们可能会对成就和外界认可形成不健康的依赖。完成任务时打钩、不断追求新的目标、让别人开心等行为确实可以令你感觉良好，而自我感觉良好时分泌出的化学物质会令你的大脑对这种感觉上瘾。虽然我们身处一个处处美化“工作狂”的文化中，也仍要清醒地认识到，成为“工作狂”对我们毫无益处。我们依赖社交网络保持联络，同时也在网络中比较自己与他人的成就，由这种比较产生的“不甘落后”的压力会逐渐转化为焦虑、抑郁、缺乏自信、工作失误等。然而，哪怕我们成为比赛中的佼佼者，仍然难逃跌入深渊的命运。有研究显示，高收入人士承受的压力更大，更加忽视休息，这样不利于身心健康。

许多和安妮一样的优异高敏者试图通过所谓的“自我照顾”和“生活黑客”[3]来解决荣耀光环宿醉问题，可是这些手段只能带来暂时的缓解（实际上还可能加剧问题）。为了从根本上解决问题，你需要意识到：你对成功的渴望是从何时开始成了负累。

---

3. 生活黑客是指在各行各业中提高生产力和效率的任何技巧、捷径、技巧或新方法。

## 策略：放弃目标

拥有雄心和目标并不是问题。问题在于：荣耀光环宿醉会引发你不断追求这些目标，这将耗费过多的精力，最终导致你的内心失衡。从荣耀光环宿醉转为相信自己的过程中，你需要评估何时、为何原本的目标不再是助力，然后放弃那些不再对你有帮助的目标，为更有意义的目标腾出空间。以下我会介绍怎样找到重设目标或放弃目标的时间点。

**当意识到目标从一开始就不符合你内心渴望的时候。**如果你出于热爱想要不断前进，那很好。但如果你只是因为某种竞争或者责任感而不断向上攀登，那么你需要反省一下。责任感和警觉失衡的迹象包括对自己说“你应该”“必须”，或者需要追求某些东西而不是内心想要追求。例如，报名参加半程马拉松比赛是因为办公室里的每个人都在做这件事情，这和因渴望挑战自己而参加完全不同。前者是因为害怕不合群，而后者则是因为内心的渴望。

**当目标给你带来更多的痛苦而不是收获的时候。**无论你多么喜欢一件事，它也不会永远充满趣味。目标有时会令你感到害怕，或者让你对于能否完成感到紧张，这些都是正常的。但是，一些消极的情绪会超出健康的担忧，带来充满恐惧的失眠或者其他健康问题。这些情绪，或大或小，是由荣耀光环宿醉支配你的善感和敏感的程度决定的。例如，一想到要把一整天的工作时间花在客户服务上，有些人可能会觉得很开心，但是你会觉得胃开始绞痛。

**当你更关注一件事的结果而不是过程的时候**。你的奇思妙想渐渐僵化，可能是因为此时的你已经过于在意成功和取悦外界，而没有考虑到自己是否真的想要获得实现目标的技能。例如，你可能会希望实现每年增加 100 万个客户的目标，但是私底下，你并不是真正想要一个这样规模的公司所带来的一切（比如建立一个团队，管理预算，等等）。

**当你抛弃自己的时候**。你可能会实现一些梦想，凭着不惜一切、坚持到底的精神，但是，这也会令你继续执着于不再有意义的梦想，尽管你对这些梦想的热情和憧憬早已经消失。当内驱力产生的奋斗状态失去平衡时，目标就会变得令人精疲力竭，然后你很快就会发现自己打着实现目标的旗号，实际上却忽视了自己的健康和幸福。

## 遇到了阻力？

**1. 专注于自己想要的目标。**放下那些不再有意义的目标需要勇气。与其惋惜正在失去的，不如思考放弃目标后会获得什么，比如更多的时间和精力。记住，没有永久的决定，你可以继续做出调整，直到找到合适的目标平衡点。

**2. 冷静地按照先后次序排列任务。**在我的一个小组培训项目中，成员们尝试在待办事项清单上减掉 70% 的任务，成果非常显著，一个成员开创了一项新的业务，另一个成员则开始写一本已经在心里计划了很多年的书。删减任务清单迫使大家必须减负，摆脱不必要的任务。

**3. 通过比较找到方向。**在荣耀光环宿醉的痛苦中，你可能会意识到自己经常和别人比较。嫉妒是一种表现，表明对于目前没有拥有或体验到的东西，你有种被压抑的渴望——至少你不知道自己渴望的程度。你也许拥有一些不为人知的渴望。

**4. 别在意错失机会。**在事业发展方面，由于害怕错过机会，你会迎合未来的每一次会议或任务，还试图说服自己：这可能是一次潜在的重大突破，或者拓展人脉的绝佳机会。为了避免这种情况，我会问自己如下问题：假设这个事件或任务明天就进行，我会感到兴奋吗？我发现，这样的问题会帮助我更加忠于自己真实的需求和欲望。

## 艾丽西娅的行动策略

当艾丽西娅回顾自己的职业生涯和一直以来的目标时，她意识到不断向上攀登使她十分痛苦。不仅工作热情降到历史最低，“警觉”也超负荷运转，她被其他人尤其是同事们的想法深深困扰：如果辞去工作，做个单亲妈妈，大家将会怎样看待她？她的焦虑如此之深，以致无法再去健身房，也无法再做陶艺，尽管这两个爱好曾经给她带来很多快乐。

一开始感觉很不自然，但艾丽西娅决定重新平衡自己的内驱力，她采取的具体行动是：按下暂停键，放慢自己在应对各个新业务和客户之间的疯狂节奏。她和老板认真讨论缩减每月的广告投放量，这样她就可以专注于维护客户，这种改变对于留住那些大客户们至关重要，他们正在考虑削减广告预算。随着时间的推移，她又找回了让自己感觉良好的习惯，重新上陶艺课，还特意安排了每周与姐姐或朋友一起聚餐，这样她就可以平衡自己的社交活动。在八个星期的治疗过程中，这些小小的改变帮助艾丽西娅摆脱了荣耀光环宿醉，她对自己的未来感到更加乐观，也觉得生活又重新由自己掌控。最值得称道的是，随着精神和情感的平衡发展，她重新获得了足够的时间来思考，如何将职业目标与个人目标相结合，并充分发挥自己的优势。在第十章，我们会再回到艾丽西娅的故事，讲述她后来是如何重新定义重要的任务，并向前推进她的事业和生活。

和艾丽西娅一样，如果你愿意的话，认清自己的荣耀光环宿醉可以成为一个新的开始，因为它会给你动力去探索更真实的自己。放弃目标可以提醒你要停止完全的依赖惯性、毫无自我掌控的生活方式。所以，当你感到精疲力竭，没有动力或方向感的时候，找到自己的初心，挖掘自己的真实感受，探索荣耀光环宿醉如何影响你的生活，从重视自己、支持自己的角度出发，积极地解决问题、做出改变。

**练习**

## 五日排毒疗程

有种更直接的方式可以帮助你理解生活是如何被完美主义、取悦他人和过度劳作所操控的，即盘点自己如何有效利用时间。数据将指明你需要放弃某些期待和责任，以便你释放自己的热情来重新投入生活、夺回对生活的掌控权。

**说明**

**1. 记录时间安排。**在接下来的五天里，使用我提供的“时间安排记录表”，记录下你是如何利用自己的时间的。你可以使用自己的日历或行程表作为一个切入点。例如，“工作时间八小时”这样的描述过于宽泛。相反，你需要记录下具体的项目或会议，以一小时为单位进行记录。如果你发现自己在不同的任务之间来回切换，则需要将记录做得更加详细。可能记录下自己所有的行程有些辛苦，但为了幸福，这件事值得一试，毕竟这些记录将会改善你的生活。

**2. 标示出与荣耀光环宿醉相关的任务。**你重点要注意的任务包括……

- 那些会导致你难过或认清自己的任务
- 那些带来责任感、压力或者紧迫感的任务

- 那些你觉得不太应该做，但还是做了的任务
- 那些你感觉必须做，或者应该做的任务

你很担心自己所做的任务都是以上类型吗？本书提供的工具一定可以帮助你做出重大改变。

**3. 做出改变。**选择一个低风险的任务或责任，把它从你的待办事项清单中删除，可以使用不同的方法，比如委派给别人，或大幅削减完成这个任务所需的时间。这个任务可以是你感觉最简单的，也可以是你最具发言权的。例如，不要强迫自己刚一醒来就地频繁地回复邮件，而是选择听一段有声读物。或者和你的老板谈谈，延长某个任务的完成期限，这样你就不用加班了。在接下来的 30 天里放弃更多的小任务。这些看似微小的改变加在一起就会产生巨大的效果。

# 五日排毒疗程

艾丽西娅

| 排毒疗程 | | | | | |
|---|---|---|---|---|---|
| 日期：2 月 4 日 | | | 如果前一栏你回答“是”，请完成以下问题 | | |
| 时间 | 事件 | 是否受到荣耀光环宿醉的影响（是/否） | 影响的具体表现有哪些？ | 我要做出怎样的改变？ | 改变可以给我带来什么，或者改变使得我可以做到什么？ |
| 6:00 ~ 7:45 | 早晨习惯 | 是 | 边吃早餐边刷社交媒体，自我感觉很差。 | 观看一条鼓舞人心的视频，而不是刷订阅文章。 | 在一天工作开始之前，做一些丰富、取悦自己的事情。 |
| 8:00 ~ 9:00 | 每日小组例会 | 是 | 由于老板建议，我屈服并承担了比自己想象得多的任务量。 | 下周和老板谈谈，争取将任务量削减到合理的水平。 | 我减轻了负担，减负意味着我可以不用那么频繁地出差了。 |
| 9:00 ~ 11:30 | 约见客户 | 否 | | | |
| 12:00 ~ 13:15 | 午间休息 | 是 | 因为想要迅速发送提案、取悦客户，午间一直在加班。 | 制订计划，与妹妹吃午饭或利用午间画出这星期陶艺课的作品草图。 | 减轻了压力并享受了午餐。 |

| | | | | | |
|---|---|---|---|---|---|
| 13:30 ~ 14:30 | 全力工作以维持客户的收益 | 否 | | | |
| 15:00 ~ 16:30 | 营销拓展 | 是 | 由于感到压力，为下星期安排了六次会议，但马上就后悔了。 | 将营销拓展时间削减为每天半小时。 | 我可以将自己的时间和精力分配到那些我觉得有趣和舒服的创意工作上。 |
| 17:00 ~ 17:45 | 傍晚散步 | 是 | 我在苦苦思索一封发给客户的邮件该如何措辞。我为什么在写电子邮件！这应该是属于我的时间！ | 去散步之前，从手机中删除工作邮箱，这样就不会总想查看了！ | 可以听我喜欢的播客，或者听一段冥想音乐。 |
| 18:00 ~ 19:00 | 陶艺课 | 否 | | | |
| 19:30 ~ 20:30 | 晚饭 | 否 | | | |
| 21:00 ~ 22:30 | 找工作 | 是 | 努力润色简历，但是觉得自己成就寥寥。深陷令人眼花缭乱的应聘广告之中。 | 快停下来，不是说好要休息一下吗？ | 空下来很多时间，可以重新把排球练起来，也可以搞点艺术创作。 |
| 23:00 ~ 23:30 | 晚间习惯 | 否 | | | |

# 五日排毒疗程

<table>
<tr><th colspan="6">排毒疗程</th></tr>
<tr><td colspan="3">日期：</td><td colspan="3">如果你回答“是”，请完成以下问题</td></tr>
<tr><td>时间</td><td>事件</td><td>是否受到荣耀光环宿醉的影响（是/否）</td><td>影响的具体表现有哪些？</td><td>我要做出怎样的改变？</td><td>改变可以给我带来什么，或者改变使得我可以做到什么？</td></tr>
<tr><td></td><td></td><td></td><td></td><td></td><td></td></tr>
<tr><td></td><td></td><td></td><td></td><td></td><td></td></tr>
<tr><td></td><td></td><td></td><td></td><td></td><td></td></tr>
<tr><td></td><td></td><td></td><td></td><td></td><td></td></tr>
</table>

|  |  |  |  |  |  |
|---|---|---|---|---|---|
|  |  |  |  |  |  |
|  |  |  |  |  |  |
|  |  |  |  |  |  |
|  |  |  |  |  |  |
|  |  |  |  |  |  |
|  |  |  |  |  |  |

▲▲▲▲▲▲▲▲▲▲

# 关于允许自己

不要等待别人的表扬、赞美或认可。

不要等待别人领导你。

——塔拉·莫尔

**如果你已经完成了第二章的练习**，你会放弃那些无效目标，专注于提升自己作为优异高敏者的核心特质，但这只是朝着更有意义的生活迈出的第一步。而下一步，你要允许自己去探索、去按照自己想要的方式行事。

寻求外界的许可是一种本能。每个人都有与生俱来的被外界喜欢、归属集体的渴望。被他人拒绝、负面评价、失败会引发痛苦，想要避免这些痛苦是很正常的。其实，外界的反馈对你来说是有意义的，它能让你知道你对于项目的成功是至关重要的，也能让你享受出色的工作带来的奖励。但是，优异高敏者可能对于外界认可更有依赖性。很多学员一开始都在渴望与依赖中徘徊、挣扎，特拉维斯就是其中之一。

还没坐稳，特拉维斯就递给我一张写着“商务定价模型”的纸。他说：“今年，我自己的公司一定会赚到第一桶金，快来看看这个。”

看到那个复杂的表格，我目瞪口呆。特拉维斯在一家医院当程序员，过去的 18 个月里，他一直想开创自己的事业。特拉维斯曾经想成为一名跑步教练，或者去朋友的新跑鞋公司帮忙，但是在完成了放弃目标的课程之后，他决定先放弃这些想法，专注于创办一家技术咨询公司。他的专长是一种需求量很大的编码语言。

特拉维斯花了很多时间研究创业的步骤、分析市场、加入在线社区以寻找更多的信息和灵感，甚至还和妻子一起讨论创业的细节。但是在准备了将近一年之后，特拉维斯仍然毫无进展，于是他成了我的学员。

我把定价模型从桌子上推回给特拉维斯：“在我们深入讨论你的定价计划之前，让我问你一些问题。你有相当庞大的人脉网，对吗？”

“是的，大家都很需要我的建议，”特拉维斯说，“我知道我擅长这一点，并且可以赚点外快。但是，这次我需要他们的建议，我先研究明白再去问他们。”他指着模型说。

“为什么要这样做呢？”我问道。

“嗯……因为必须要这样做啊。”

很快，事情明朗起来，如果说特拉维斯的人生是一场戏，荣耀光环宿醉则一直是幕后导演。特拉维斯解释，为了达到父母的期望，自己一直被鼓励循规蹈矩、按部就班。如果不是百分之百确定，他不敢前进一步。他从没意识到这些习惯会让他在事业上畏首畏尾、停滞不前——从创业的第一天起，他已经给自己强加了很多错位的责任和义务，过度专注于一些细节问题。现在，受荣耀光环宿醉的影响，他遵循着如公式一般、过度严谨的创业模式，在新公司一美元都没赚到之前，花费了大量宝贵的时间来规划一个复杂的定价模型。

总有像特拉维斯这样的学员来找我，希望可以独立创业，希望在工作中表现得更好，或者希望对自己和工作感到更加自豪。虽然面临的挑战各不相同，但潜意识里他们都在问同一个问题：我怎样才能停止怀疑自己？他们似乎正在寻求某种许可，令自己可以相信自己，同时，他们意识到世界并不完全被外部期望支配，他们也在寻找新的方式来适应这样的世界。这可能是很长一段时间（或有史以来），他们第一次给予自己自由。想要完全拥抱自由，要先意识到放弃自由权是种奇怪的行为，以此为前提，才能把自己从前进路上遇到的诸多障碍中解放出来，更加坚定地前行。

## 允许自己……

让我们先为“允许自己”确定一个定义，以指导你理解接下来的内容，并帮助你走出自己的固定模式。首先，让我们考虑一下你需要在以下几个方面“允许自己”到何种程度。

**允许自己成功**。出于被人喜欢的渴望，也许你没有释放自己的全部潜能。你可能害怕会抢别人的风头，不想炫耀，不想伤害别人。但是，隐藏实力对你没什么好处。记住，想要做好一件事，没有完美的方式，只有适合自己的方式，所以我们要自己动手解决问题，让自己独立思考。允许自己成功还意味着不用等自己感觉可以或者完全准备好，才开始做一些新的事情。

**允许自己犯错**。错误不是失败。人非圣贤，孰能无过，在错误中学习，才会获得智慧。不要纠结到底哪里出了问题（我知道，说起来容易做起来难）。原谅自己，相信自己已经利用了所有信息和资源，尽了最大努力。以一种实验的态度对待生活——生活中没有失败，只有学习。

**允许自己做自己**。在寻找有效方法来磨炼自己的核心特质时，要有耐心。这意味着情感化会成为你的竞争优势（参看第四章内容），利用你的直觉（参看第六章内容），或者设定不同的目标来激发你的内驱力（参看第九章内容）。不要仅仅因为别人的怀疑而改变自己的信念，你的倾向、选择和抱负都是值得的、重要的。接受现在的自己，而不是对自己应该怎样求全责备。

| 你从何处获得允许？ | |
|---|---|
| **外界** | **自身** |
| 等待别人询问，或等待机会送到面前 | 当发现可能性，自己去创造机会 |
| 害怕被否定，踯躅不前 | 虽没有百分之百的把握，却敢于说出自己的意见 |
| 需要别人喜欢并夸奖自己优秀、能力强 | 出于本心，设立自己的标准和目标 |
| 担心失去外界的认可（如表扬、薪资、晋升） | 从错误中收获成长 |
| 由于别人的意见，轻视和重新评估自己的想法和感受 | 尊重自己，认为自己有权决定自己的想法和感受 |

## 习惯寻求他人的允许

寻求他人的褒奖和鼓励是一种试图证明自我价值的方式，显而易见，却往往徒劳无功。但是，寻求他人允许的这种行为会通过其他方式暗地里渗透到你的习惯中。

**过度道歉**。在没有必要的时候说对不起，是一种潜意识里确保自己安全并被允许存在的方式，包括在邮件开头说："对不起，打扰你了，但是……"或者在公共汽车上有人坐在你旁边的时候说："对不起！我来挪一下。"当你说对不起的时候，你是否希望有人会说"不需要道歉的，你很棒"，或者"哦，不，你的演讲做得很好"。

**决策外包**。一旦你不得不做出决定，你是否会习惯性询问他人，或拖延时间，直到你得到外界的意见？如果你总是这样做，就是在放弃责任、不断在内心强化"别人的意见比我的更重要"这个理念，基本就是在对自己和外界说：我不相信自己能做出选择，所以请你告诉我，你认为什么对我最好。决策外包意味着你不认为自己的判断是有价值、有效或是有意义的，除非获得其他人的赞同。

**否定和质疑自己的贡献**。在每次说话之前，都会加上："我不确定这是不是一个好主意，但是……"或者"我不是一个专家……"这种措辞可以显示出你潜在的信念，即你觉得自己不够格或不够好。类似的口头禅还有："我说的对吗？"或者"没关系吧？"这些表达的频频出现会极大地削弱你的影响力（参见第十二章），而且它们表明你对自己的想法没有信心，使得大家渐渐对你失去信任。

这些习惯可能看起来琐碎，但它们正是你寻求外界认可的一贯动作，日复一日，你越来越不相信自己。

## 不要等待别人的召唤

弗兰·豪泽是一位媒体经理，同时也是一位畅销书作家，她完美诠释了不依赖外界认可、高敏感而又十分成功的人生。20 世纪 90 年代末，弗兰在电影地带公司工作，这是一家提供自动购买电影票及服务的公司。她发现公司忽视了一个巨大的商机：公司只向电影院定向兜售广告，而从不考虑其他产品和渠道，从而无形中放弃了大笔的收益。弗兰希望组建一个团队来开启这项业务，但又担心过于积极主动会适得其反。

许多优异高敏者都遇到过同样的困境。明明在会议上想出了一个主意，却担心过于张扬而不敢说出，或者花大量时间准备一个方案，以致拖延了几个星期或几个月也未能实施，就像特拉维斯一样。而在弗兰的案例中，她没有等老板给她分配一个团队。而是主动担当，花时间研究并提出具有建设性的方案，向首席财政官和研究主管咨询，制订了具体计划。她的计划非常周密，老板允许她组建一个两人团队，为获取其他品牌的广告收入充分打开了局面。最终，电影地带公司以 4 亿美元的价格被美国在线收购，弗兰功不可没。后来，在 2001 年弗兰被提升为公司的副总裁兼总经理。这个故事告诉我们，如果你真的想要有所作为，不要等待别人的召唤。你要相信自己的判断，自己为自己创造机会。

## 策略：不要等待准备好才开始

等准备好了才开始——可能你觉得这样做才是安全的，但实际上已注定败局。如果你想要停止自我怀疑，允许自己成功、允许自己犯错，甚至于接纳真实的自己，秘诀就是要立刻行动。

你需要接受——你的行动并不完美这个事实，并相信自己能够理清其中的细节。与其等待着心理上准备好，不如破例一次：为了相信自己，你要停止过度思考，开始行动。建立的内在力量，是证明你可以坚持的最好证据。所以，为了变成自己崇拜的样子，你必须从现在就开始行动。

接受不完美的行动是个过程，在接下来的章节中，你会发现这个过程不仅可以改变阻碍你前进的习惯和信念，还可以成为一种生活方式，用来实现现在和未来的所有目标和梦想。不完美的行动是一个必不可少的因素，它能让你尝试接近不同的自己，远离那些阻碍你的借口或判断。如果你发现自己对将要发生的事情犹豫不决或者感到迷茫，可尝试以下做法。

- **只专注于下一步计划。**如果今天只能做一件事，那么要做什么才能更接近目标呢？与其担忧几个月或几年后的情况，不如聚焦于采取下一步的行动。专注下一步，你才不会过度担忧未来，你的第一行动宗旨应该是迅速、敏捷，而不是陷入完美主义。

- **将拖延学习转变为实时学习。**你是否习惯了无休止地获取信息——上10门网络课程、听所有播客——实际上这是一种会令优异高敏者注意力分散的做法，这是一种“拖延学习”。不结合行动，知识便没有用武之地，所以你需要的是“实时学习”。这指的是，只有在你需要的时候才去获取知识。例如，如果你的职责发生了变化，你才需要获取相应的新知识，而不是在平时，为了（所谓的）心理安慰而囤积知识。
- **培养你的韧性。**在准备好之前，你会挣扎着不愿开始。此时，你可以试着回忆过去曾经克服的三个最大的困难，它们不需要与目前的目标或任务直接相关。只是希望回忆可以令你提醒自己：你可以战胜挑战！这样做会令你重拾信心，超越自己的恐惧和焦虑。你可以通过思考以下问题来激发自己的勇气：

  我经历的那些充满挑战的时刻，是什么帮助我渡过难关？

  如果今天我可以拿出最大的勇气，我会做什么？

  如果知道不会失败，我现在会做什么？

  我的核心特质中有哪些积极的元素可以帮助我前进？

还没准备好就行动，这种做法很冒险是吗？是的，这就是问题所在。自信并不是成功的先决条件，它是冒险和不完美行为的副产品。“在准备好之前就开始”意味着你要先迈出一条腿，并且在前进的过程中逐渐建立自信。

## 遇到了阻力？

**1. 试试便利贴（对自己说想听的话）。**想想自己一直渴望从别人那里获得什么样的鼓励。（“你会成为一个了不起的经理！”或者“你真的很擅长创意项目！”）不要等待别人来对你说，自己对自己说出这些话，把它们写在便利贴上，贴在你随时可以看到的地方。如果你需要给高层领导做报告，但对自己没有信心，那么在向他人寻求安慰之前，试着花五分钟说说你为自己感到骄傲的理由。

**2. 做一个梦想清单（冲破阻碍，采取行动）。**假设你可以去做任何自己想做的事情，请列一个清单。那些你觉得自己还没有准备好的事，可以把它们先写下来。想想还有哪些事情让你感觉生命如此美妙。有些事情充满了不确定性，你甚至觉得自己完全没有准备好，但它们正是值得你追求和努力的目标。正视你的梦想和渴望就是实现它们的第一步。

**3. 设计一个小机关（选择性接受他人的意见）。**如果有人给了你建议或反馈，并不意味着你一定要接受。重要的是，你要知道别人对你的看法或许来自他们本身的不安，而并不一定能够真实地反映你的行为。我喜欢布伦内·布朗的一个“小设计”，她说：“我的钱包里有一张小纸条，上面记着一些可以影响我的人名。要上这个名单的人，必须爱我。要爱我的优点，也爱我的缺点。”

## 特拉维斯的行动策略

我们谈话后，特拉维斯意识到他把事情复杂化了。他不需要更多的建议或知识。他已经拥有了创业所需的一切，只需要决定自己下一步的计划，而不是纠结于复杂的定价模型。他的首要任务是允许自己成功，并努力摆脱以下想法：如果马上开始做生意，人们会认为我太草率。我让他思考一个问题：如果事情本来很简单，而你已经知道正确的做法，那么你会怎么做呢？

于是，特拉维斯决定不在定价模型上浪费更多的时间。他马上联系了过去一年里向他征求意见的每一个人，让他们知道：他可以为他们提供咨询服务，每小时 100 美元。这个价格是他在医院对接其他咨询公司时的价格。一个月后，他已经有了三个客户；六个月之后，当几个客户要求他提供更复杂的服务时，他重新评估并提高了价格。作为业务增长过程的一部分，特拉维斯允许自己去尝试、去听从内心、去犯错。为了扩大生意版图，特拉维斯设计了几款新的软件，并发布了一系列视频来推广自己的理论和方法。尽管很少有人看到这些视频，尽管只有一个客户订阅了新的软件，特拉维斯还是利用所学坚持不懈地改进服务。在向潜在客户介绍工作流程时，他的描述也更加清晰。一开始，创业让人望而却步，但是通过犯错和尝试，特拉维斯依靠自身的力量，慢慢地建立自己的事业，这个过程极大地满足了他的好奇心和创造力，让他感到兴奋和自豪。解决客户的问题给特拉维斯带来了快乐，让他觉得很享受。通过这些小小的成功，特拉维斯逐渐变得更冷静、更乐观，这种态度使他相信自己已经具备了创业的所有条件。

### 说出心里话

和自己说话的方式很重要，而冒充者综合征（感觉自己很无能，或者是个冒牌货、骗子）可能是阻碍你走上正途的障碍之一。你可以从改变内心的潜台词开始，改变和自己说话的方式。

| 冒充者综合征深度患者会说…… | | 相信自己，允许自己的人会说…… |
| --- | --- | --- |
| 我不知道自己在干吗。 | → | 我试试，看看行不行。 |
| 我需要用正确的方法做事。 | → | 我会找到自己的方式。 |
| 我得等待最佳的时机。 | → | 我知道自己永远不会准备好，我现在必须行动了。 |
| 做事情之前，我要先确定这样做是否能成功。 | → | 我要将计划向前推进，如无意外的话。 |
| 我看起来好像不知道自己在做什么。 | → | 我不可能知道一切，所以必要时，寻求他人帮助是明智的做法。 |
| 为了证明我足够优秀，我必须无时无刻不在努力。 | → | 事情进展顺利就是我努力的结果，我深知这一点。 |
| 我总是需要再多做一些。 | → | 我可以做得少而精。 |

练习

## 你的许可证

你可以把这张许可证当作一张通行证，它让你可以继续前进或者做想做的事情（比如参加见学旅行）。解除荣耀光环宿醉的第二步，就是给自己写一张许可证。要想让你的许可证发挥作用，必须由你亲自发放，其他任何人都不可以。与其把同情心和注意力都倾注到别人身上，不如抓住这次机会让优异高敏者核心特质为自己所用。这样一来，你就可以利用你的思想、情感和自我意识来做出选择，也可以完全依赖自己的内在智慧。

说明

**1. 回顾一次你因为思考过度让情况变得复杂的经历。**你当时很可能面临着一个绝佳机会，却对自己说不适合、不能做。

**2. 给自己做一张许可证。**我已经为你准备了一个模板，它涵盖了优异高敏者纠结、挣扎的几个常见方面。

**3. 把许可证放在随手可得的地方。**强烈建议你把许可证挂在墙上或者放在抽屉里，当你自我怀疑的时候，就可以把它拿出来了。你不再需要他人的认可和肯定，你自己就能做到。

**4. 每隔一段时间重新写一下你的许可证。**你可以在后面的章节再次书写你的许可证，也可以每个月、每个季度甚至每当自己面对一个新的挑战、冒险或者超越而自我怀疑的时候，可以重复这个练习。

# 你的许可证

特拉维斯

亲爱的特拉维斯：

我在此授予自己完全的、无限制的权利，去联络我的人脉，以赚取我作为顾问的第一个 100 美元。

具体如下：

我允许自己在请求别人介绍生意的时候感觉紧张。

我允许自己对我拥有一项可以谋生的稀缺技能而感到自信。

我允许自己在发现恐惧使我不敢发挥专业技能时，给予自己鼓励。

我允许自己在忙碌了一天后充分地休息。

我允许自己开始制作一系列介绍视频来推广我的事业。

我允许自己试着给前同事们发邮件，约他们出来喝咖啡。

我允许自己停止为定价模型感到忧虑。

我允许自己放弃不切实际的期待——我了解经营一家咨询公司的一切。

是时候原谅自己花了一年的时间去尝试开创新事业，并且知道这个原谅会帮助我分清什么是重要的，什么是不重要的。我已经准备好全身心地投入到工作中，并承诺马上开始，这样我就可以在一个月内完成我的第一个咨询项目。

给予自己充分的许可，全心全意地相信自己，现在这对我而言十分重要，因为我已经准备好迎接新的挑战。我相信自己能在事情发生的时候把问题想清楚，并且知道无论发生什么，我都能够成功。

此致，

特拉维斯

# 你的许可证

---

亲爱的（你的名字）：

我在此授予自己完全的、无限制的权利去 ______________________

__________________________________________________。

具体如下：

我允许自己感到 ______________________________________________。

我允许自己成为 ______________________________________________。

我允许自己鼓励自己，在 ______________________________________时。

我允许自己在 ____________________________________________时，充分地休息。

我允许自己开始 ______________________________________________。

我允许自己试着 ______________________________________________。

我允许自己停止 ______________________________________________。

我允许自己放弃 ______________________________________________。

是时候原谅自己 ______________________________________________，并且知道这个原谅会 __________________________________________________

__________。我已经准备好 ______________________________，并承

诺 ____________________，这样我就可以 ________________

__________________________。

给予自己充分的许可，全心全意地相信自己，现在这对我而言十分重要，因为 ____________。我相信自己 ______________

_______，并且知道无论发生什么，我都能够成功。

此致，

（你的名字）

第二部分

# 纠正
# 自毁性习惯

# 如何避免“被情绪所困”

出问题的并非我们的情绪，

而是我们与它们之间的关系。

——安珀·雷

**叮！一封上司贝丝发来的新邮件出现在凯瑟琳的收件箱：**

“嘿，凯特，马克刚刚把主页设计图发给我了。你什么时候有空？我想和你聊聊我的想法，等你回复。”

“开玩笑吗？”凯瑟琳心想，“他是不是忘了我是他的经理？”她感到难以置信：马克居然在未经自己审批的情况下，越过她直接把设计图发给了老板！她不禁有些生气，感到一阵晕眩，于是她闭上眼睛，尽量让自己平复下来……

六个月前，凯瑟琳被提升为高级用户界面设计师，一个月后，新员工马克便被分派到她的团队。凯瑟琳的团队发展很迅速，她非常清楚自己目前最需要学习的就是如何领导一个团队，毕竟这是她第一次以管理者的身份带领团队。然而她和马克在工作上并不合拍——马克是支配型人格，性格非常直接。他很有天赋，但过于迷恋成绩，他总是急于把所有功劳都揽到自己身上。就在几周前，一位重要客户的网站发布，凯瑟琳曾明确表示：所有设计图在递交创意总监贝丝之前——都需要她签名确认，然而马克竟公然无视她的指示，她觉得自己就像被狠狠抽了一记耳光。

凯瑟琳沉不住气了，她努力想要做点什么，以解决这一问题。办法显而易见：直接和马克开诚布公地谈谈。可是凯瑟琳的情绪太激动了，她担心自己会失控或是哭泣，根本没办法正常交流。她本是一个管理者，却感觉自己被自身情绪所困，而沦为受害者了。

令凯瑟琳感到困惑的是，有时候情绪也是她的优势，她很清楚这一点：她非常敏锐，知道如何设计（包括软件的观感、体验感以及用户反馈等方面）能激发大家惊奇、兴奋的感觉。她曾主持过一个项目管理软件的设计工作，并因情感设计方面的突出表现拿到了一个行业奖项，获得了业内的认可，目前多家世界 500 强企业都在使用该软件。

“是我反应过度了，”她想，“不遵守规则的人是马克，不是我。”

她决定几个小时后再去找贝丝，因为眼下最重要的是确保网站的发布能够顺利进行。凯瑟琳从收件箱里退了出来，回到刚做的设计上，却依旧心绪不宁，身体还有些微微颤抖。“我用了整整三个小时才恢复镇定，”事后她对我说，“等我终于可以专心工作的时候，这一天都差不多过去了。”

和许多学员一样，在情绪激动的状态下，凯瑟琳既无力应付眼前的局面，又无法完成其他事务，她已经被自己的情绪牢牢控制了。正所谓“吃一堑长一智”，凯瑟琳由此悟出了一个道理：试图回避自己的情绪，就像在潜泳时试图按住一个沙滩排球——不论你如何努力地往下按，它却总是往上蹿。如果你能双手控球，水面便是一片宁静；一旦你腾出一只手，游泳就会受到牵制，注意力更是无法集中；而如果你彻底放手，球就会不可避免地冲出水面，弄得一团糟。回避情绪并不能使它们消失。同时，在与失衡情绪对抗的过程中，苦苦思索该如何应对它们，也让优异高敏者耗费了大量的精力。

再来看看另一种情况：如果你一直生活在变幻无常的情感体验中，任由情绪肆虐，同样会让你精疲力竭。如何才能在逃避情绪和任其掌控之间找到平衡呢？我的回答是：学会接纳你内心的真实感受，并予以更好的管理。深切地感受和体验各种情感，你才能成为真实的自己。在这里，我可以非常肯定地告诉你：学习并欣然接纳这一特质将赋予你强大的竞争优势。

## 你所抵制的会持续存在

在我的学员间一直流传着一句话——“你所抵制的会持续存在”。你越是试图对抗和改变自己的情绪，或者将它们的存在归咎于自己，就越是会陷入旷日持久的苦斗。尤其是在职场，你可能一直以来都误认为要想获得成功就必须克制自己的不良情绪。其实更可取的办法是：你可以把自己的情绪看作你天赋的个人优势的一部分。

情绪就像天气，不论我们喜欢与否，它们总是存在的。情绪在我们识别、思考和理解事物的过程中所发挥的作用不容小觑，但没必要成为你最重要的东西。比如遇到坏天气（或者仅是你不喜欢）并不意味着你要集中全部精力来对待它，影响你原本的计划。正确的做法是：接受它，并做出适当的调整。这似乎很难，你可以像对待天气一样对待自己的情绪——接受它并为之做好充分准备。

研究表明，敏感的人往往更容易对自己的情绪感到羞耻，认为这是自己无法改变的事实。你能为自己做的重要的事情之一，就是把情绪看作自己内心世界里永恒存在的一部分，并在它们出现的时候驾驭它们。乐于接受、承认及理解自己的情绪可以帮助你。

- **避免情绪内耗。**高强度情绪，如焦虑、苦恼和紧张，都是精神上的负担，因为它们激活了身体的“战斗或逃跑”反应。《休息时就要远离工作》一书的作者艾玛·塞帕拉指出，长时间的高强度情绪会损害你的免疫系统、记忆力和注意力。即使你回避它们，高强度情绪也不会消失，恰恰相反，它们还会增强，并且进一步消耗你的能量，令你精疲力竭。所以，不妨放手去体验那些情绪——也许它们有些恼人，但这只是暂时的——与奋力抵抗相比，这样可以免去不少精力的消耗。

- **影响你的反应。**在逃避情感的过程中，你感到无助、被操纵，好像整个人都在失控。另一方面，当你接受自己的情绪时，你就有机会了解自己的内心世界，从而更好地驾驭它。你会证明自己完全有能力灵活地处理情绪问题。比如，调整情绪的强度或持续时间，让自己更快地平复下来。
- **留意它们所传递的信息。**情绪是感受力和洞察力的来源，它会向你传递关于你的需求或行为的重要信息，引导你做出更真实的反应。即使是所谓的不良情绪也有它们的作用。例如，恐惧是一种自我保护机制，而内疚传递的信息是“需要补偿”。当你开始把情绪当作信使时，你们之间的关系就会发生变化。
- **保持情绪稳定。**接受不等同于被动顺从，你放弃的只是与情绪的抗争，并不是你本身。意想不到的是，接受自己的情绪反而会提升心理健康状况，有助于减少情绪波动、提高对生活的满意度。最重要的是，接受为你铺平了道路，而不是将其看作需要克服的东西。

### 你的情绪也是竞争优势

你的情绪也具备奋力进取的属性，一旦达到某种平衡，便可以在诸多方面服务于你。以下事实可以很好地证明这一点：

- 90% 的优秀员工的情商也很高。
- BetterUp（美国职业培训公司）的研究显示，92% 的高管将情绪管理等软技能视为当今商业环境中的一个关键的优势。
- 有情绪起伏的领导者所带的团队有更高的信任度、更好的表现力和创造力。
- 75% 的招聘经理表示，他们更有可能会提拔有明显情绪起伏的员工。
- 情绪起伏明显的员工惯于聆听自己的内心，所以更善于自我激励，这可以减少拖延、提升自信，也利于长期目标的实现。

## *策略：找到你的"中心位置"*

无论你的情绪有多强烈，你都可以在被其控制之前率先控制住它们。因为所有的情绪都是从身体内部爆发出来的能量，所以取得“生理层面的平静”是最快也是最可靠的方法，可以让你更冷静地审视待解决的问题，更好地掌控自己。一旦你处于“中心位置”，你就会理解自己产生某种反应的原因，并且能够接收到情绪传递给你的信息。

神经系统需要不断重复“充电—放电—刺激—放松”的规律性循环。可是，许多高敏感者长期处于过度刺激的状态下，情绪极易失控。当交感神经系统处于活跃状态时，你会感到不知所措，因为你的反应强度远超过你的处理能力。当你的身体出现“战斗或逃跑”反应时，会释放压力荷尔蒙，你的血压和心率也会随之升高。这就是为什么我们要学习用心理学的办法来解决生理反应。所以，在处理其他事情之前，你要让神经系统先松弛下来。

要想回到中心位置有一个简单的方法，就是采用一种叫作“着陆技术”[4]的正念减压疗法。着陆技术可以激活你的副交感神经（它主要负责你的休息和恢复），当它开始发挥作用时，你的心率会减慢，体内的血液会流向你的脑前额叶皮质，从而提高决策力和注意力。着陆技术会直接影响大脑觉醒中心的神经，向你的身体发送安全的信号。着陆技术有几十种不同的基础练习可供选择，从深呼吸、渐进式放松到视觉化冥想。这些练习大多不太惹人注意，这意味着你可以在打电话时、在办公桌前甚至在开车的时候完成。

4. 着陆技术是心理咨询常用的稳定化技术之一，通过检查自己的触感、环境，转移注意力，将自己从应激事件中抽离，从情绪旋涡中回归此时此地，就像飘浮在空中的气球落地，故被称作“着陆”。

以下是我最喜欢的几种，本章后续的练习会引导你去发现哪种方法对你最有效。

**5–4–3–2–1 法**。选择你能看到的五样东西，比如一个白色的记事本或者天花板上的一个点，详细描述你看到的东西（大声说出来或在心里默念都可以）；选择你能触摸到或感觉到的四样东西，比如嘴里的舌头或者搭在膝盖上的手（注意体验到的质地、温度和感觉）；选择你能听到的三样东西，比如电话铃声或者空调的嗡嗡声；选择你能闻到的两样东西（如果你什么都没闻到，就说出你最喜欢的两种气味）；选择你能尝到的一种东西，比如挥之不去的牙膏味。调动全部五种感官有助于把你的注意力带回到当下。

**握拳放松法**。想象一下，你把所有令自己不舒服的情绪都放在双手的掌心。握紧拳头 5~10 秒钟，然后松手，手掌摊开，就好像把这些坏情绪释放掉，让它们随风飘散。

**盒式呼吸法**。吸气四秒钟，屏住呼吸让空气在肺部停留四秒钟；再呼气四秒钟，将肺部的空气排空；持续四秒钟。理想情况下，你可以重复这些步骤 3~5 分钟，但即使练习 1 分钟也足以产生效果。如果你刚刚开始，可以在网上找些可视化冥想的指导材料来帮助自己进行“盒式呼吸”练习。

着陆技术绝不会任由你被高强度的负面情绪（如担忧、恐惧或羞辱）耗尽精力，它会帮你将其转化为低强度的积极情绪，如镇定、满足和宁静，你会感到自己平静而富有活力，一切尽在掌控。最重要的是，你可以公平公正地处理自己的感受。

当处于一种更加平静、镇定的状态时，你就会更清楚自己前进的方向。对于大多数高敏感的人来说，这是最大的挑战，因为你可能会被众多不同的选择所麻痹。别担心，在后面的章节里，你将学习如何做出与你的界限、核心价值观以及你在生活和事业上的偏好相一致的决定。但是现在，你要问自己一些问题。

你是否掌握了决策所需的所有信息？如果没有，你要如何提升自己对事件的理解？

你会因为没有做什么事情而感到后悔吗？

如果你采取某种举措，它可能引发的最严重的后果是什么？你能承担这样的后果吗？

如果你采取某种举措，它可能促成的最好的结果是什么？你对这样的结果满意吗？

## 遇到了阻力？

**1. 定义情绪。**你无法解决难以用言语描述的事情，所以请明确并具体地定义你的情绪。例如，当学员告诉我，工作重点一变再变令他们感到不知所措时，我们会进行更深入的探讨——是因为担心无法完成工作而感到沮丧吗？还是因为担心令团队失望而感到为难？定义情绪可以深化你对当前形势的理解：发生了什么？这将对你产生怎样的影响？由此你会看到进一步行动的可能性。

**2. 创造距离。**请使用以下句式描述自己的情绪，以保持客观的分析：我觉得自己现在 ______（情绪描述），因为 ______。（例如：我觉得自己现在意志消沉，因为我有太多事情要做，却没有足够的时间。）“我觉得自己现在……”这一说法可以帮助你与自己的感觉拉开距离，让你确信它们只是暂时性的内心体验。

**3. 改变环境。**将身体从当前的情景抽离出来，不要死守着办公桌，出去散散步，或者到沙发上坐坐，冥想一小会儿，哪怕起身喝杯咖啡也是好的。

**4. 代入你的“英雄”。**大多数人周围都有自己钦佩的人，他们超凡的判断力或强大的自信令我们折服。试想一下他在情绪激动的瞬间会如何反应，比如说在会议上被人打断，或者加薪申请被拒绝。他会怎么做呢？这可以激励你为自己提供新的视角和独到的见解，指引你做出决断。

**5. 了解你的触发因素。**留意自己情绪失衡时周围的设定以及在场的人员，以便更好地预测和管理自己将来可能出现的过激反应。例如，如果你知道匆忙会让你陷入恐慌，那就采取些措施去缓解时间上的紧迫感，比如你可以把团队的面谈会从 30 分钟延长到 45 分钟。

## *凯瑟琳的行动策略*

公司的人都离开了，凯瑟琳把贝丝的邮件读了无数遍。她知道自己不可能做出有效的反应，也不可能马上做出正确的行动，因为她的大脑此刻一片混乱。于是，她关上了笔记本电脑，开始把注意力转移到自己的身体上。她的肩膀很痛，她意识到自己可能一整天都没有放松过。她并非对自己感到懊恼，只是记得自己在感到压力时经常会这样做，并承认这是她眼下必须解决的问题。她没有祈求自己的坏情绪消失，也没有忽略它们，而是开始在办公桌前练习“盒式呼吸”，她很快就感觉到自己的身体变轻松了。她用固定的句式在记事本上记下了自己的反应，“我觉得自己现在……”。把想法写在纸上不只是一种宣泄，还让她切实地感受到自己的肌肉没那么紧绷了。

身体松弛下来，头脑也就清醒了。凯瑟琳迅速安排了次日一早与贝丝面谈。她仍然生气，但同时也明白她需要马克以高水准的设计保证项目能够按时完成。因此，凯瑟琳决定等网站发布后再解决这个问题。第二天，她和贝丝一起审阅了马克的设计稿，并通过团队群聊向马克发送了反馈。当贝丝意识到凯瑟琳刚刚才看到这些设计时，她叹了口气。凯瑟琳说：“我知道这是个问题，网站发布后我会马上处理。”

“我知道你能应付，但我还是应该交代一下。”贝丝回答道。她在反馈的末尾附了一张便利贴，提醒马克：以后给我发送任何信息前，都要先和凯瑟琳报备。

凯瑟琳倍感宽慰：问题总算得到了解决，贝丝也没有像她所担心的那样，对她的管理能力大失所望。在下一节中，我们会讨论后续如何处理马克的问题。在第八章讨论核心价值观的时候，我们还会讲到凯瑟琳，在第十二章讨论自信沟通的时候，再看她是如何应对马克并解决问题的。

## 自我照顾与自我破坏

谈论情感健康必然会涉及自我照顾。自我照顾是非常重要也是必要的，但仅仅是自我感觉良好并不意味着就是有益的。在分散注意力或逃避心理的驱使下，自我照顾可能表现为购物或吃零食等逃避方式，或者认为“辛苦了一整天，喝瓶葡萄酒补偿自己也是应该的”。真正的自我照顾往往是无形的、毫无诱惑力的，并不总是泡泡浴或足部护理这样轻松惬意的形式。从本质上来说，自我照顾针对的是那些支撑你而不是消耗你的习惯。

- **身体自理：**身体层面的自我照顾包括锻炼、健康饮食、补水、在感到不适时请病假以及保证充足的睡眠。
- **情感自理：**情感层面的自我照顾除了确认并接纳自己的感受，还包括设定界限和拒绝。
- **精神自理：**精神层面的自我照顾可能与宗教信仰相关，但更广泛地说，还包括将你与更高的自我或宇宙联系起来的任何仪式或实践，比如冥想、亲近自然和写日记。
- **理智自理：**你可以选择纪录片而不是真人秀节目来滋养你的心灵，或者在辛苦的一天结束后与伴侣玩玩桌游，而不是发泄对工作的不满。最近，我的一名学员对我说，工作中的自我推销也是一种自我照顾的行为。我赞同这一说法。

- **社交自理：**与朋友共进晚餐，给妈妈寄张贺卡或者向在线社区寻求支持，都可以帮助你建立牢固且相互尊重的关系。
- **安全保障自理：**处理好你的财务状况，规划职业道路也属于这一分类。

下一次感到压力过大或不知所措时，你就可以做一个简单的自评。你觉得分配在各种自我照顾方式上的时间和精力均衡吗？就像平衡你的各种优异高敏者核心特质一样，自我照顾也是流动性的，它可能会随着时机、情绪和环境的变化而有所不同。有时候简单休息几个小时就足以让你的大脑好好放个假，也有时候则需要经历一段低潮期，才能向自己证明你的能力。

练习

# 着陆技术探索之旅

在本书的第一部分，你已经对自己进行了反思和评估。现在，在第二部分，你将尝试一些新的方法来处理各种状况，以及更好地了解自己。在这些技巧变成你的习惯之前，你要保持振奋，因为你正在建立自信，并以真实、卓有成效的方式处理自己的情绪。

要找到你的中心位置，你可以选择不同的着陆技巧进行练习，并确定一两种对你行之有效的方法。

## 说明

**1. 找个安静的时间。**比如下班后或是周末。只要你有一小段安静、不会被打扰的时间，就可以预留出 10~15 分钟尝试一下本章的着陆技巧练习，每种练习所需要的时间从几秒钟到一两分钟不等。

**2. 回想一下你近期情绪失衡的例子。**如果在第一章的练习中你认为自己的情绪不平衡，那么想一想你为什么要给予这种特质特别的关注。也许因为同事冤枉你而感到气愤；也许因为某项工作没能达到预期而感到羞愧；也许因为某个项目没能如期进行而感到失望。尽管诸如此类的事情可能令人不快，但还是让自己回到那一刻，试着让自己停留在那里。

**3. 在尝试每种技巧后暂停。**注意自己身体状态的变化：你的呼吸减慢了吗？你的想法改变了吗？你可能会觉得头脑更清醒了。请用以下表格记录下你的体验，找到发生在你身上的微小变化。如果觉得尴尬也不要气馁，因为你正在重新连接你的大脑，在重组初期觉得奇怪都是正常的。

**4. 选择一种令你产生共鸣的着陆技术。**向自己承诺你会一直使用它，关键是要在低风险的设定下勤加练习，这样当你感到情绪激动时，你喜欢的技巧就会发挥作用。

**5. 创建提示。**提醒自己，你有属于自己的着陆技术任你使用。你可以使用便利贴，或者设置工作日早上的日历通知。

## 你的着陆技术探索之旅

凯瑟琳

| 着陆技术 | 我的观察结果 |
| --- | --- |
| 5-4-3-2-1 法 | 这个办法对我并不奏效。我开始胡思乱想，开始担心截止时间快到了。 |
| 握拳放松法 | 我是一个非常直观的人，所以我喜欢想象自己在释放愤怒和烦恼。松开拳头后，我觉得自己的肩膀轻松多了。 |
| 盒式呼吸法 | 哇哦，盒式呼吸法真是立竿见影，太神奇了！我能感觉到自己的心跳慢了下来，不像之前砰砰得像要跳出来一样。它就像一道温暖的光掠过我。 |

我承诺尝试的着陆技术是盒式呼吸，我会在便利贴上画一个正方形，然后把它放在我的午餐袋里，我一打开袋子就可以看到它，这样就可以提醒自己练习。

## 你的着陆技术探索之旅

| 着陆技术 | 我的观察结果 |
| --- | --- |
| 5-4-3-2-1 法 | |
| 握拳放松法 | |
| 盒式呼吸法 | |

我承诺尝试的着陆技术是__________，我会______________________________，这样就可以提醒自己练习。

# 请停止过度思考

用你的过度思考去换取无法抗拒的平静，

我很好，不必事事都知晓。

——摩根·哈珀·尼科尔斯

**我们大脑内部的思绪流动从未停歇**，特别是在工作日，总是要权衡诸多变数，做更多的决定。当你过虑或是警惕性过高时，就会过度思考或者钻牛角尖，让自己的思维陷入僵局，这会让你陷入消极的心理循环，浪费宝贵的时间和精力。

过度思考有多种表现形式，你给自己讲的故事可能无法反映事情的真相。就像汽车上“检查发动机”的指示灯一样，过度思考会引导人们关注一个事实：你作为优异高敏者的核心特质需要重新调整。当你将本书中的练习融入生活时，这些相应的调整将成为你的第二天性，但是在初始阶段，你可能需要停下来，积极地改变自己的思维模式，就像我接下来要讲的故事，我的学员卡西在面对升职机会时所做的一样。

“今天过得怎么样？主题演讲准备得怎么样了？”卡西的妻子从厨房探出头，瞥向门口的方向。“我做不到！”卡西怒气冲冲地说，“我要告诉格雷格我改变主意了，让他替我出席会议！”

一周前，卡西的经理格雷格邀请他，代表公司在本年度最大规模的人力资源活动上发表演讲，讲述他们是如何利用技术手段实现公平招聘的。格雷格最初提出这个想法时，卡西非常积极地表示赞同，因为这个机会可以让他接触到公司的高级管理层，让他在同龄人中脱颖而出。可是现在他开始犹豫不决。卡西转行做人力资源已经四年了，可还是忍不住想象自己会因各种因素而演讲失败。他走进厨房，在餐桌旁坐了下来。“几周前，格雷格跟我说，如果我的表达再简洁些，沟通效果一定会好得多，”他垂下眼，盯着地板说，“如果我站在这么多重要人士面前讲话，那么他们会发现我根本不知道自己在做什么。”

“噢，别这样！”妻子喊道，“格雷格说过多次你是最好的发言人！去年在公司聚会上他也是这么说的，当时我也在场。另外，这个软件本来也是你的点子，卡西，不要让一个小小的反馈阻碍你！”

大学毕业后，卡西当了几年小学教师，但是由于学校预算削减，三年前他被遣散了。虽然考虑过重返校园读研，但是他看好人力资源这个职业带来的成就感和保障。卡西渴望成长和进步，所以他一边做兼职维持生计，同时义无反顾地攻读了人力资源学位，还参加了一个资质培训课程来提高自己的技能。这些努力使他成为一名颇具竞争力的员工，他击败了另外两名候选者，成功地当上了一家金融服务公司的人力资源助理，并且在工作的第一年就被提升为经理。

新公司的一切都是他梦想中的样子：他与格雷格建立了良好的关系，格雷格给予了他大力支持，同时也看到了他在公司进一步发展的可能；卡西也很喜欢他的同事们，他们非常友好，而且协作意识强，在这种梦寐以求的环境中工作真的很有趣。每天早上来到公司，他最爱做的一件事就是戴上耳机，然后埋首于招聘事务，一直到午休时间。正是在某个这样的瞬间，卡西忽然想到可以利用软件来避免公司招聘过程中的无意识偏见。之前在学校任教期间，卡西曾参与过学校内部系统的技术创新项目，他在新公司看到了类似的机遇——可以从更广阔的人才库吸引更高质量的应聘者。于是格雷格让他负责实施该项目并将其推广至全公司，最终获得了巨大的成功，据说在下一个绩效周期他会再次晋升，薪资待遇也会随之提高。

在一切进展顺利的时候，卡西觉得自己终于走上了正确的职业道路，自己的才华也终于有了用武之地。而在某些时候，他的自信却开始动摇了，他发现自己被内心严厉的批评围绕，怎么都无法摆脱，甚至有些迷茫。即使取得了进步，他也总觉得自己不过是达到公司要求的标准，在项目推进的过程中查缺补漏予以完善而已，从未将自己的能力、职业操守以及在工作中学习的意愿等因素计算在内。当格雷格对他表示赞赏时，卡西也总是一笑置之，认为自己的成功不过是侥幸。夜里他总是辗转难眠，担心自己再次失去工作。而现在，当他想象自己站在舞台上介绍自己的工作时，他也默认了最坏的情况。“每个人都会知道我是个骗子！我肯定会搞砸的！”卡西说，他们坐下来准备吃晚饭。“先别急着说不，”妻子鼓励道，“给自己几天时间，调整一下状态，看看情况再做决定也不迟。”卡西并不认为时间会对他有所帮助。尽管他知道放弃这个机会自己一定追悔莫及，但就是无法停止自己徒劳无益的审慎考量。尽管尽了最大的努力，可他就是无法停止过度思考。

## 过度思考的诸多面孔

过度思考有多种表现形式，其中包括以下方面。

**沉思**。在陷入沉思的时候，你其实是活在过去。你反复播放当时的情景，不断地做出各种分析。你可能会重复对话，剖析人们的肢体语言，强调自己说了什么或者没说什么。假设当时的情景（如果我说了会怎么样？如果我接受了那份工作呢？如果我早点联系导师会怎么样？）也是很常见的。

**忧虑未来**。你可能会发现自己过于担忧未来，而牺牲了当前的享受。比如，你可能会想，明天演讲的时候我一定会忘词的，该说的内容一句都想不起来；又或者在和家人出去玩的时候，发现自己总是不由自主地被即将到来的期限干扰，无法享受当下。

**冒充者综合征**。冒充者综合征是指，尽管事实表明你有能力且有成就，但你却默默地怀疑自己是个骗子。你可能会怀疑自己的能力，低估自己的专业技能，并将成功归因于运气。“如果我能做到，那么任何人都能做到”“我给人的印象比真实的自己更聪明”——这些都是冒充者综合征人群的典型想法。

**优柔寡断**。你可以看到一种情况的许多方面，但是你很难在多种行动方案中做出选择，因为你害怕犯错或者希望做出最优选择。你可能会对一个计划做出种种预判，或是遭遇分析瘫痪，这都会阻碍你的行动。优柔寡断的人常常会犹豫不决，或者为了取悦他人而违背对自己的承诺。

### 优异高敏与心理健康

你可能已经发现了，作为优异高敏的表现之一，过度思考和焦虑症的症状有些相似——没错，这两者之间的确有交集。研究表明，某些性格类型的人群更容易出现心理健康方面的问题，但重要的是我们要具备基本的认知——身为优异高敏者和患有焦虑症并不是一回事，即使它们可能会同时发生。要记得：敏感是一种特质，而不是失调。当某些核心特质失去平衡的时候，你会对个人生活或职业生活的某些部分（而不是全部）产生短期的焦虑。而临床上可诊断的焦虑症是一种长期的、持续时间长且普遍的病症，可能伴有恐惧症和惊恐发作，令人难以维持正常的工作和生活。

## *策略：定义与再构*

过度思考是由消极的自我对话所驱动的，在心理学中，这被称为“认知扭曲”。认知扭曲很难被识别，因为它们很像“白噪声”——你习惯于听到它们，甚至没有意识到它们在背景中的运行，但实际上它们是：

- 自动化的、自我批判式的思维模式，会引发各种形式的过度思考。
- 不准确的、基于假设的，并在不知不觉中造成痛苦。
- 恐惧来自你的直觉推动。

想把过度思考产生的无用想法变得有用，最有效的策略就是定义与再构[5]。说出你的“无用想法”并对其进行重组，这有助于优化你的想法，引导你对相关事件做出更具建设性的解读，让你看到新的可能性并找到解决方案，而不是被困在思维的死胡同里。再构的目的并非总是拥有完美平衡的想法（因为你永远做不到），而是放慢脚步，放眼全局，积跬步而至千里。你并非使用暴力把你的想法从消极变为积极，正相反，你是在温柔地提醒大脑：要公平、开明、求知若渴，切忌过于挑剔或妄下判断。

认知扭曲有许多不同的类型，以下是最常见的、对优异高敏者造成较大影响的认知扭曲类型及其再构方法。本章的练习将帮助你确认并消除认知扭曲，以确保你以准备充分的状态进入下一章有关直觉调整的学习内容。

### 全或无思维（非黑即白思维）

**你**：用极端的、非黑即白的方式看待问题以及自己，没有中

---

5. 再构是指改变来访者对自己的问题的看法，或赋予其情绪、思维内容以更积极、更灵活的含义的过程，主要应用于策略治疗和结构化家庭治疗。在具体事实没有发生改变的情况下，改变来访者对事实的感知是再构法工作的重点。

间立场，难以接受灰色地带。

**示例**：如果做不好这件事，那我就彻底失败了。

**如何再构**：寻找情境中的细微差别。当头脑中的那条路只有两个岔口时，不妨放慢脚步，问问自己是否错过了一些别的选择。具体来说，把“否则”“但是”之类的词替换成“和”，会对你很有帮助。

**示例**：本周我既有一些精彩的胜利，也遇到了一些困难和挫折。

**过度概括（以偏概全）**

**你**：将孤立的消极事件泛化成为持续存在的失败模式。

**示例**：我总是把事情搞砸。

**如何再构**：停止使用像“总是”“从不”“所有”“每一个”这样的极端词汇。孤立地处理那些——发生过一次并不意味着会再次发生的事件。

**示例**：这次演讲我没有发挥最佳状态，下一次我会准备得更充分。

**心灵过滤**

**你**：忽略事件所有积极的方面，只关注消极的方面。

**示例**：老板指出的瑕疵让我难过，尽管其余的反馈都很好。

**如何再构**：做一个简单的成本效益分析。问问自己，消极因素会对我产生怎样的伤害？停止关注消极因素又有怎样的帮助？如果持续关注事件的消极方面明显弊大于利，那么你可能会发现，放手并继续前行对你来说变得容易多了。

**示例**：我很高兴老板认可我的执行能力，同时我也会努力提高自己的战略思维能力。

### 灾难化思维

**你**：想象消极事件的最坏结果，将后果灾难化。

**示例**：我要被炒鱿鱼了，我将身无分文，无家可归。

**如何再构**：花些时间承认目前进展顺利的事情，然后直面你的恐惧。实际可能发生的最糟糕的状况是什么？你打算如何解决？当你把这个想法探索到极致时，你会发现不论生活抛给你什么难题，你都可以制订出一个计划来应对。

**示例**：我才不会被解雇呢，就算被解雇，我也可以更新简历，着手联系我的人脉。

### 低估正面信息

**你**：拒绝接受自己的积极属性，比如你所取得的成就和来自他人的赞美。

**示例**：任何人都可以做到。

**如何再构**：如果你的大脑在面对赞美时的应激反应是“是的，

但是……”,那么你可以通过关注自己无可争议的积极属性来对抗它。

**示例**：我多才多艺，其他人也认可这一点，虽然有时我没那么快看清楚自己的能力。

**跳跃式结论**

**你**：做出毫无根据的判断，并深信自己无须他人开口便知道对方的想法和感受。

**示例**：他没有回复我的电子邮件。我知道他讨厌我。

**如何再构**：头脑风暴五种可能的解释或对当前事件的五种不同看法（你可以在手上数一数）。问问自己，你基于恐惧的预测是否成立，并想办法验证你的假设。

**示例**：他没有回复我的邮件，这意味着他可能正在忙。我会继续跟进，了解那边的情况，而不会觉得他是在针对我。

**情绪性推理**

**你**：认为自己的消极情绪必然预示着现实中的消极事件。

**示例**：我感到悲伤，所以和我相处一定特别无聊。

**如何再构**：描述事件的真实情况而不是你对它的情绪反应，尝试将事实与情绪分开，以便能够更客观地看待它们。切记，即使是消极的情绪也会产生积极的结果，比如重新思考一种情况或者设定一个界限。

**示例**：我感到很沮丧，因为我在工作上落后了。不过这也是一个机会，让我可以重新评估什么是重要的，并对待办事项的优先级别做相应调整。

### 应该陈述

**你**：把自己和某个结果或者对某个事件的期望联系在一起。试图通过说“我应该”“不应该”“必须”……来激发自己或他人。

**示例**：现在我应该在这方面做得更好了。

**如何再构**：问自己想要达到谁的期望——是父母、导师还是老板？就算你可能活在一系列的规则和标准中，考虑一下是谁制定了这些规则，以及他们是否允许你去过你想要的、有意义的生活。

**示例**：我还不是专家，但是我每周都在进步。

### 归己化思维

**你**：为不可控的外部消极事件和周围人的幸福承担责任。

**示例**：这个项目失败了，因为我没有投入更多的时间。

**如何再构**：对待犯错误的自己要宽容。激励人前进的不是自我批评而是自我同情。列出哪些事情是你真正能控制的，哪些不是你能控制的。

**示例**：我可以努力争取更好的表现，但也必须记住，任何项目都会有我控制不了的方面。

**双重标准**

**你**：坚持用比别人更高的标准来要求自己。

**示例**：即使在周末，我也必须在一小时内回复客户，但团队的其他成员就不必如此。

**如何再构**：放弃完美主义，用你给予他人的尊重和体谅来对待自己。

**示例**：是我给自己施加压力、要求自己立即回复的。我会尊重自己对休息时间的需求，并在周一回电话给客户。

## 遇到了阻力？

**1. 用橡皮筋提醒自己。**在手腕上系一根橡皮筋或发绳。每次你意识到自己想得太多，就拉动它弹自己一下，在心里默念“停”。这样做可以帮你摆脱过度思考和无谓的担忧，将你带回此时此刻。

**2. 人格化你内心的批评家。**试着给你内心的批评家取个无害的名字。我的一名学员选了“巴特”这个名字，这听起来可比“难以捉摸的内心批评家”的威胁小多了。另一名学员在一元店买了个很可爱的怪物雕像，把它摆在自己的办公桌上。这是一个很有用的图腾，可以时刻提醒她，内心的批评家并非他想象的那种骇人的庞然大物。

**3. 让你的想法飘走。**把每一个无用的想法想象成一个气球。想象你自己松开绳子，看着它飘向空中，直到从你的视线中消失。

**4. 和他们一起玩。**我喜欢用贝琳达·卡莱尔的热门歌曲《天堂是地球上的一个地方》（*Heaven is a Place on Earth*）或者汉森乐队的《MMMBop》的调子把自我批评唱出来。你也可以通过改变字体的方式给自己的想法添加些轻松幽默的色彩。比如，你可以想象自己的想法是以可爱的、小小的漫画字体呈现的，并在脑海里构建这样的画面，你会发现轻松惬意地思考也没有那么难。

## 卡西的行动策略

在这一周最后的时间里，卡西做了一个噩梦，梦见自己搞砸了主题演讲，醒来时浑身冒冷汗。一方面，他愿意代表公司出战——他热爱自己的工作，并且为自己所做的一切感到自豪；另一方面，他又不免担心，一旦表现平平，就证明自己能力平庸、无法胜任这一工作，最终再次遭遇解雇。

幸运的是，在约见格雷格的前一天，我们进行了一次辅导。卡西和我已经一起努力了半年，我们花了很多时间运用本书中的策略、练习和技巧来帮助他控制自己的恐惧。交谈中我们讨论了这样一个事实——在试图做出决定的时候，深思熟虑（通常是一种能量）对他来说是一种阻碍。我提醒他，他在低估正面信息，选择关注格雷格的一条建设性反馈，而忽视自己过去两年中在工作上所取得的进步和成就。当意识到这才是他犹豫不决的真正原因之后，卡西开始聚焦那些使他被冒充者综合征所困的顽固思想。每次因为新挑战感到紧张的时候，他就会陷入“过度概括”的旋涡，觉得“我会把事情搞砸的，就像我之前的工作一样”。说出这个想法有助于让卡西认清一件事：几年前的裁员动摇了他的自信心。虽然格雷格说他的表达“可以再简洁些”，但这只是格雷格的个人看法，也是他可以努力改进的地方。

直到卡西必须给出明确的答复（放弃或者开始准备主题演讲）

之前，我陪他完成了“思想追踪练习”，这也是接下来将要学习的内容。他需要向我复述是否接受演讲机会的具体想法。在课程中，我们记录了他的消极自我对话，帮助他在这些事实与认知扭曲之间建立关联。

卡西顽固的消极想法之一，是他必须力争完美，否则每个人都会知道他是个骗子，这是一个“全或无思维”的例子。然后，我们研究了支持或反驳这种想法的证据。是的，他还是个新人，要想晋升就必须证明自己的实力。是的，这是一个接触到有影响力人士的大好机会。不过，对抗证据同样充分。格雷格将卡西视为最佳演讲者。回顾过去两年，卡西的工作中有一部分员工培训的工作，他在小组演讲方面也比较得心应手。尽管主题演讲要求更高，但他知道自己有能力应对不同的环境。最后，我们还分析了他在公司的成就感和归属感。他承认，招聘计划的巨大成功是他通过自己扎实的专业知识和独到的洞察力为公司争取来的。

那天晚上睡觉前，卡西拿出他六个月前写的许可证，重新读了一遍。除了允许自己继续完成多元化招聘计划外，他还允许自己取得成功，尽管职业生涯没有如他所愿的那样顺利。第二天早上，卡西决定参加主题演讲，并计划在两周后的会议上，与格雷格一起重审初稿。当然，这件事对他来说依然是利弊共存，但定义和再构让他最终鼓起勇气向前迈进。待第十三章讲到挫折恢复时我们还会见到卡西。那天晚上卡西和妻子举杯庆祝自己的进步，之后卡西睡得很安稳，因为他知道自己已经克服了过度思考并最终做出了决定，从此以后，身为优异高敏者的核心特质将引导他一路前行，而不是破坏他的目标。

练习

# 过度思考自检

人们总是觉得过度思考是一个不可能解决的问题。以日记的形式记录下自己的想法可以帮你看清认知扭曲，并予以纠正。你要做的不过是每天抽出五分钟时间，而且不需要永远这样做。很快你就会习惯以更多平静和自我同情来处理各种状况以及审视自己。

## 说明

**1. 描述当前状况。**是什么引发了过度思考：发生了什么事情？什么时间？什么地点？还有什么人参与其中？

**2. 写下你的消极想法。**一次只列一条。不要担心措辞是否完美。这足以说明我不确定自己的想法，但我想知道这是否与________________相关。

**3. 选择它所代表的认知扭曲类型。**最常见的倾向是全或无思维、心灵过滤和跳跃式结论。

**4. 列出该想法可能正确的支持性证据。**坚持使用可验证的数据，而不是观点和解释。比如，“我的工作糟透了”是观点，而“我在邮件中打错字了”是事实。

**5. 列出非支持性证据。**你是否有过与这种想法相矛盾，或者可以证明它并非一直正确的相关经历（不论多小的例子）？

**6. 强调后果。**考虑身体、心理和职业各方面的不利因素。

**7. 创建一个更平衡的想法。**以基于现实的中立陈述为目标，越令人振奋、积极向上越好。以下问题会对你有所帮助：

- 自信的人会如何回应？
- 如果当事人是我最好的朋友，我会建议他如何应对该问题？
- 我该说些什么才能让“内心的批评家”相信我已经做到了？
- 什么样的想法能让我感觉精力充沛、充满力量？
- 如果我知道一切都会成功，我会相信什么？

**8. 记录下其他观察结果。**更平衡的想法让你感觉如何？你可能不会马上从恐惧转变为积极乐观的心态，但是从沮丧到放松也是一个重大突破。

# 过度思考自检表

卡西

| 日期 | 认知扭曲类型 |
|---|---|
| 8 月 21 日 | ○ 全或无思维<br>○ 过度概括<br>○ 心灵过滤<br>○ 灾难化思维<br>☒ 低估正面信息<br>○ 跳跃式结论<br>○ 情绪性推理<br>○ 应该陈述<br>○ 归己化思维<br>○ 双重标准 |
| **当前状况** | |
| 担心搞砸主题演讲，每次都要提及我曾在会议上漫无边际地闲扯。 | |
| **消极想法** | |
| 很显然，我是个沟通能力弱的人。 | |
| **支持性证据** | **非支持性证据** |
| 大约一个月前，格雷格给了我反馈，说我的沟通方式可以再简洁些。 | 我的业绩评估很出色，我即将升职，并受邀做这个主题演讲——所有这些都可以证明我的演讲和能力足以应付这样的场合。 |
| **后果** | **更平衡的想法** |
| ○ 浪费时间过度思考<br>○ 回避工作<br>○ 为“拯救”他人越权行事<br>☒ 为难自己<br>☒ 失去动力<br>○ 拒绝机会<br>○ 过度工作<br>○ 其他 | ○ 我可以以大局为重<br>○ 我只是个普通人，我可以懈怠<br>○ 我选择只看表面<br>○ 我可以从中吸取有益的教训<br>○ 我可以换个方式解释这一点<br>☒ 我知道我能应付<br>○ 事实上这一结果对我有利<br>**我的平衡想法：**<br>我是一个可以信赖的沟通者，我有不断提升自己的动力。 |
| **评论及其他意见** | |
| 一开始，接受并认可别人对我的赞美让我感觉很尴尬。我发现这种模式不仅限于在公司，在家里我和妻子之间的相处也是如此，这对我们的婚姻造成了影响。 | |

# 过度思考自检表

卡西

| 日期 | 认知扭曲类型 |
| --- | --- |
| 8 月 21 日 | ○ 全或无思维<br>☒ 过度概括<br>○ 心灵过滤<br>○ 灾难化思维<br>○ 低估正面信息<br>○ 跳跃式结论<br>○ 情绪性推理<br>○ 应该陈述<br>○ 归己化思维<br>○ 双重标准 |
| **当前状况** | |
| 我担心自己无法回答观众的提问，暴露自己工作能力不足，最终被解雇，一想到这些我心里就特别难受。 | |
| **消极想法** | |
| 我会把事情搞砸，就像之前做其他工作一样。 | |
| **支持性证据** | **非支持性证据** |
| 我从教学岗位上被解雇了。 | 在过去的两年里，我晋升了好几次。 |
| **后果** | **更平衡的想法** |
| ☒ 浪费时间过度思考<br>○ 回避工作<br>○ 为“拯救”他人越权行事<br>○ 为难自己<br>○ 失去动力<br>○ 拒绝机会<br>○ 过度工作<br>○ 其他 | ○ 我可以以大局为重<br>○ 我只是个普通人，我可以懈怠<br>○ 我选择只看表面<br>○ 我可以从中吸取有益的教训<br>○ 我可以换个方式解释这一点<br>○ 我知道我能应付<br>☒ 事实上这一结果对我有利<br>**我的平衡想法：**<br>从教师的岗位上被解雇，是启动我人力资源事业的催化剂。 |
| **评论及其他意见** | |
| 我没有想到这些负面想法，在我的潜意识里会掀起这么大的波澜，甚至影响我的工作方式和自我认同，这让我彻底醒悟，对我很有启发。 | |

# 过度思考自检表

卡西

| 日期 | 认知扭曲类型 |
| --- | --- |
| 8月22日 | ☒ 全或无思维<br>○ 过度概括<br>○ 心灵过滤<br>○ 灾难化思维<br>○ 低估正面信息<br>○ 跳跃式结论<br>○ 情绪性推理<br>○ 应该陈述<br>○ 归己化思维<br>○ 双重标准 |
| **当前状况** | |
| 在指导课程中，我与梅洛迪讨论了是否应该参与主题演讲这个问题。 | |
| **消极想法** | |
| 我必须表现得非常完美，否则就全完了。我就是个失败者了。 | |
| **支持性证据** | **非支持性证据** |
| 就公司在行业中的声誉而言，主题演讲的内容将会很翔实。 | 即使我的演讲中出现了一些小问题，也不会是世界末日。 |
| **后果** | **更平衡的想法** |
| ○ 浪费时间过度思考<br>○ 回避工作<br>○ 为“拯救”他人越权行事<br>○ 为难自己<br>○ 失去动力<br>☒ 拒绝机会<br>○ 过度工作<br>○ 其他 | ○ 我可以以大局为重<br>☒ 我只是个普通人，我可以懈怠<br>○ 我选择只看表面<br>○ 我可以从中吸取有益的教训<br>○ 我可以换个方式解释这一点<br>○ 我知道我能应付<br>○ 事实上这一结果对我有利<br>**我的平衡想法：**<br>中间立场就是尽我所能做最充分的准备，然后将成果百分之百地展现出来。 |
| **评论及其他意见** | |
| 虽然我仍然很紧张（以积极的方式），但经过以上思考我觉得轻松了许多。 | |

# 过度思考自检表

| 日期 | 认知扭曲类型 |
| --- | --- |
| | ○ 全或无思维<br>○ 过度概括<br>○ 心灵过滤<br>○ 灾难化思维<br>○ 低估正面信息<br>○ 跳跃式结论<br>○ 情绪性推理<br>○ 应该陈述<br>○ 归己化思维<br>○ 双重标准 |
| **当前状况** | |
| | |
| **消极想法** | |
| | |
| **支持性证据** | **非支持性证据** |
| | |
| **后果** | **更平衡的想法** |
| ○ 浪费时间过度思考<br>○ 回避工作<br>○ 为“拯救”他人越权行事<br>○ 为难自己<br>○ 失去动力<br>○ 拒绝机会<br>○ 过度工作<br>○ 其他<br>__________<br>__________ | ○ 我可以以大局为重<br>○ 我只是个普通人，我可以懈怠<br>○ 我选择只看表面<br>○ 我可以从中吸取有益的教训<br>○ 我可以换个方式解释这一点<br>○ 我知道我能应付<br>○ 事实上这一结果对我有利<br>**我的平衡想法：**<br>__________<br>__________ |
| **评论及其他意见** | |
| | |

# 为什么<br>总是犹豫不决

直觉是神圣的天赋，理性是忠实的仆人。

而我们所创造的社会却给仆人以荣耀，忘却了自己神圣的天赋。

——阿尔伯特·爱因斯坦

**还记得第三章里讲过的特拉维斯吗？**在做了大约一年的咨询顾问后，他告诉我，他觉得自己好像站在一个十字路口前——咨询事业非常成功，他不知道自己应该冒险全职创业，还是应该专注于医院的工作。那时他月薪几千美元，有稳定的患者来源和数量，但是他发现自己即使在周末也总是在工作，无法像以前一样经常跑步，或是跟伴侣和朋友们出去玩。他内心有两个不同的声音：

一个对于创业的想法兴奋不已，而另一个则告诫他不要离开稳定的工作。从现实的角度来说，投身创业意味着放弃高额的保险和稳定的薪水。此外，特拉维斯是真的非常享受自己的工作，喜爱自己的团队，并且清楚这份工作对挽救患者生命和维持医院运转至关重要。

作为一名咨询顾问，特拉维斯学到了很多东西，不愿让客户失望的他总是兼顾多个项目。源源不断的客户咨询让他确信自己的服务是有市场的，但作为一位谨慎的优异高敏者，他不想做出会让自己后悔的决定。他之所以如此擅长工作中的技术细节，在于他对外界信息资源的高度敏感，可是现在，这一特质却令他困惑和迷茫。他感到自己的"暂停检查"系统（心理学研究者伊莱恩·阿伦这样描述它）已经亮起了红灯，提醒他在进入潜在的危险之前减速。就像以往阻止他在会议上让一些不成熟的想法脱口而出，或是阻止他在公司活动中喝醉出糗一样。但现在，高度抑制让他陷入困境。他常常依赖咖啡，彻夜研究他能想到的、所有理性的处理方式，极力想让自己做出一个决定：列出利弊清单，进行 SWOT 分析[6]，甚至预计出未来五年的收入，却仍然不知道该怎么办，他感到心烦意乱。

每次登录社交平台时，特拉维斯都要经历一番信息的狂轰滥

---

6.SWOT 分析是基于内外部竞争环境和竞争条件下的态势分析，S（strengths）是优势、W（weaknesses）是劣势、O（opportunities）是机会、T（threats）是威胁。

炸，从如何将副业规模扩大到百万级别的培训广告，到同事庆祝自己的公司风险资本募集的消息，好像无一不在提醒他该走向创业这条路。他一方面觉得成为“咨询界新星”是他肩负的重任，是无可推卸的使命，而又觉得与他创业的初衷背道而驰——他原本只是想实现收入多样化，充分利用自己的专长。除此之外，在内心深处，特拉维斯不愿意像父亲一样，总是宣称要创业，却停留在稳定、有保障的工作岗位上度过一生，特拉维斯不知道该如何利用这些铺天盖地的信息让自己变得更快乐、更充实。等到我们坐下来研究对策的时候，特拉维斯已经被折磨得快要崩溃了。他做了数据分析，从各个角度考虑了自己的选择，却唯独没做一件事——调整自己的直觉。

## 优异高敏者的第六感

或许你可以通过“直觉”的其他名字——预感、第六感、更深层次的了解——来认识它。它是一种不需要有意识的推理就能立即理解事物的能力。换言之，答案和解决方案会自动出现在你面前，只是你可能不知道它们出现的形式和原因。从心理学的角度来说，直觉作用于内隐记忆（即毫不费力地记住及使用来自经验信息的能力，比如知道热炉子不能碰），其运作方式有点像心理模式的匹配游戏：大脑对一种情况展开思考，快速评估你所有的经历、记忆、知识、个人需求和偏好，然后根据情况做出最明智的决定。在这一过程中，直觉就像你大脑内部的一盏交通信号灯，它会在情况对你不利或者你还没有准备好的时候提醒你减速或刹车，也会在一切就绪的时候亮出绿灯，指引你全速前进。

除了擅长收集和处理别人错过的信息外，优异高敏者还有很强的模式识别能力和信息整合能力。这就意味着你的直觉比大多数人都更发达，因为你一直在不断地往你的知识库里添加新的数据（关于世界以及自己的数据）。即使没有主动运用直觉，你仍然可以每天从中受益。比如，如果你是一名经理，了解下属可以让你察觉到他们工作积极性的变化，从而采取措施帮助他们重振士气；如果你正在研发一种新产品，那么做一次直觉检查可以为你指明正确的方向。作为一名心理咨询师，在与学员的合作过程中我一直依靠直觉。我的部分工作就是帮助别人为他们的思想和行为建立秩序，所以我会借助直觉找到困扰他们的根源（有时他们自己都描述不清）。

直觉是很难描述的，因为它是抽象的。它往往是非语言而且充满活力的——更像是一种感觉或氛围，不过确实也存在一些关于直觉的具体实例，这包括以下方面。

**胃的感觉**（引申为“直觉”）。科学家把胃称作“第二大脑”

是有原因的。在整个消化道里有一个由1亿个神经元组成的、庞大的神经网络，这比在脊髓中发现的神经元还要多，这也验证了人类的肠胃拥有不可思议的处理能力。当人们为了做出决定而权衡利弊的时候，胃可能有不舒服的感觉，那是我们的胃在大声地、清晰地“发出信号”。有一项研究发现，对肠胃信号的感知力比较高的对冲基金交易员更容易取得交易成功。

**其他体征**。直觉可能会试图通过其他身体反应向你发送信号，以获取关注，比如，清醒梦[7]或生病。在指导课程中，很多时候我会注意到，当学员的直觉发挥作用时，他们的语调会发生变化。心脏数理研究所的研究人员称之为“能量敏感性”，并指出当发生这种情况时，人的心律往往会与神经系统的一部分同步，从而令人产生更深刻的意识、变得更加精力充沛和沉着冷静。

**顿悟**。有研究表明，科学家们常常凭借直觉，于偶然的发现中产生一些极具突破性的想法。正是这种诞生于直觉的创新为我们带来了诸多改变世界的伟大发明，比如青霉素和维可牢尼龙搭扣。如果研究人员能够保持开放、好奇的心态，让问题渗透到他们的潜意识中，就能更好地构建富于创造性的联系。这就能很好地解释，为什么你最棒的点子都是在洗澡的时候想出来的：当你的大脑处于放松状态时，就会切换成一种无意识模式，心理学家称之为“默

7. 清醒梦是一种生理现象，指在做梦时保持清醒的状态，又称清明梦、明晰梦，由荷兰医生弗雷德里克·范·艾登于1913年提出。

认模式网络”，打开神经通路，允许新连接的形成。

**同步性**。直觉思维刺激大脑中一个叫作网状激活系统的区域，该系统会扫描你所处的环境并过滤掉不重要的信息，以保留必要的信息。这就是为什么在你刚刚开始考虑找一份新工作或发展一个新客户的时候，机会就突然降临了。你的大脑正在寻找它们。然后，当你看到眼前的可能性时，就可以对全新的可用选项采取行动，以创造更积极的结果。

**自信**。研究表明，直觉与分析思维的结合会让你做出更好、更快、更准确的决策，它可以超越仅仅依靠智力所做的选择，让你对自己更加笃定。在人生的重大决策上尤为如此。在一项研究中，那些进行了详细分析的购车者最终对自己买到的车感到满意的时间只有25%，而那些凭直觉购车的车主有60%的时间都是快乐的。这是因为依靠快速认知，或者说“细切片”[8]，大脑可以在不过度思考的情况下做出明智的决定。

8. 细切片是指用少量的信息做出非常迅速的决定。这个词在马尔科姆·格拉德威尔2005年的著作《眨眼之间：不假思索的决断力》中经常使用，该书分析了"不假思索的思考"的概念。

## 克服恐惧，选择直觉

| 恐惧与直觉的区别 | |
|---|---|
| 直觉和恐惧是很难区分的。恐惧会要求和限制你，而直觉会引导和保护你。例如，恐惧可能会告诉你接受一项新的任务，因为你不想失去一个好机会。相反，直觉可能会鼓励你拒绝，因为你已经过度劳累了。换言之，直觉会适度地激励你以对自己最有利的方式行事。以下是如何辨别二者差异的一些方法。 | |
| **恐惧** | **直觉** |
| 拒绝能量，以避免威胁或惩罚 | 汲取能量，以实现你的“最佳利益”为目标 |
| 极度的紧迫感 | 平静的自我认识 |
| 由不安全感驱动 | 由自我信任驱动 |
| 身体紧张、收缩或受到束缚 | 身体舒展、放松 |
| 大声地、反常地说话 | 安静地、平和地说话 |
| 在忙碌和混乱中滋生 | 在平静中滋长 |
| 是认知扭曲的反映 | 是更深层次智慧的反映 |
| 促使你隐藏自我，选择顺从或妥协 | 促使你发光，以自己的步调前进，去追求自己的需求与偏好 |

利兹·福斯里恩是《摆脱不愉快：在工作中拥抱情绪的秘密力量》一书的著者之一，她深知如何让直觉为你指明方向。

大约四年前，一家新成立的音乐媒体公司想请她担任执行编辑一职。在“有人想要我！”的兴奋渐渐平息后，她面临着一个重大的决策：是接受这个职位，立刻从西海岸搬到纽约，还是让机会从她身边溜走。“我陷入了困惑和沮丧，”利兹说，她与任何愿意听她倾诉的人（朋友、导师甚至是出租车司机）讨论自己该何去何从。和特拉维斯一样，利兹一开始也回避了自己的感受，默认采用复杂的、理性的决策模式。但详尽的分析并没有带来更确定的想法。可是必须要做出选择，利兹最终决定听从自己的直觉。当她想象自己没有做出任何改变，继续在西海岸的生活时，她感到一阵后悔。而当她想象自己在纽约街头抓着巨大的椒盐卷饼边走边吃、开始和新同事相处时，她感到既紧张又兴奋。利兹最终接受了这份工作，尽管接下来的两年里，公司风雨飘摇、历尽艰辛，但她从未后悔当初的选择。“虽然凭直觉做出这样一个重要的决定看起来非常不理性……但这并不是一个愚蠢的决定。”

在写这本书的时候，我也不得不徘徊于恐惧和直觉之间。那时我受一家知名公司的邀请，要在纽约市的一次活动上发表演讲，届时会有不少影响力卓越的人到场。问题是，我必须在有限的时间里完成一篇全新的演讲稿，同时还要兼顾写书和指导学员。我非常矛盾，不知道是否应该接受这一邀请，对错失良机的恐惧占据了主导，我急于想把问题解决掉：放手去做吧！你不能错过这样的机会。他们向你发出了邀约，你应该感到高兴。然而，在与朋友谈起这一决定时，我的直觉便清晰地显现出来了——当我谈到演讲需要的准备和必须做出的让步时，我感到非常紧张，而谈到拒绝邀请专注写书时，我就会如释重负。在直觉的指引下，我找到了令自己身心舒畅、游刃有余的解决方案。我拒绝了演讲邀约，但没有放弃为了公开演讲而继续努力，我选择聘请演讲教练来帮助我撰写演讲稿，并以自己的步调逐步改进。几个月后，《财富》500 强企业和斯坦福大学的演讲邀请函相继出现在我的办公桌上，这一次，直觉向我亮出了绿灯，我自信地接受了邀请，因为我知道我会为他们带来最好的演讲。

## 策略：遵从直觉

在面临重大决策时，我们一贯认为：应该尽可能地多收集相关信息，然后想方设法找到最正确的答案。但大多数时候并不存在所谓的正确答案，只有适合自己的答案。一旦你学会了追随自己的直觉，就能够轻松且果断地做出决定，因为你知道，你的选择就是内心想法最真实的反映。直觉在分析思维不足以解决问题的时候最能发挥作用，但遵从直觉并不意味着要放弃逻辑。直觉实际上是一种高级的推理形式，因为你在整合众多来源不同的信息（包括内在和外在的），而不仅仅只是关注所谓“对的”信息。下一次需要做决定的时候，你可以试着在纸上写出一个简单的“是或否”的问题（尽量手写出来）。选择一个近期一直困扰你的大问题，比如是否重返校园深造，或者为某个新职位挑选候选人。如果这些问题对你来说太有挑战性，那么你可以先从低风险问题开始，比如，去哪里吃饭或者要不要去参加职场社交活动等，然后再将问题逐步升级。问题的描述要尽量具体，比如“更多的责任会让我快乐吗”这样笼统的问题，就可以替换成“接受外派是对我最有利的选择吗”。在问题下方写上“是”和“否”两个选项，并在旁边留一支笔。几个小时后，回到问题并立即圈出你的答案。或许你给出的不是自己喜欢的答案，但在这种设定下你很有可能迫使自己如实作答。

不论你最终如何决定，大多数情况下，遵从直觉都是做出决策的最佳方式。这一点尤其重要，因为优异高敏者往往会在决策过程中消耗大量精力，而不是将精力投入到决策的执行环节中去，这至少要消耗等量的专注和思考。遵从直觉的另一个好处是信念。有研究表明，遵从直觉的人对自己决定的事情有更大的掌控感，并认为自己的决定更好地反映了真实的自我。这很重要，因为你可能有很多选择，每种选择都具有不可预测性，都有优势和劣势。你已经用已有的信息做出了最佳选择，明确这一点有助于减少无谓的自我批评，让你不论何时都能坚定地享受自己的选择。

如果你习惯向别人寻求指导，那么一开始遵从直觉会让你感到不适。我有一名学员是一家企业的创始人，因为过于关注别人的看法，担心会伤害他人或引起内讧，即使员工表现不佳也不会责罚。长此以往，会引发生产问题并导致利润下滑，他决定采取行动改变现状。他对“遵从直觉做决定”的想法非常感兴趣，并且策划了一个“解除抑制日”，在这一天里，他可以全凭直觉决定自己的每一件事。遵从直觉让他有勇气停止自我审查，开始聚焦更为重要的员工关系问题。在这一天，他发现遵从直觉的决定对于长期目标是有利的，并且轻松高效的决策为处理复杂但重要的任务腾出了时间，比如花时间与员工建立更牢固的关系。“重要的不是我做了什么，而是我是如何做到的、速度有多快、感觉有多好！”他后来这样告诉我，“这种方式确实有些效果，所有的阻碍都被清除了，它让我以更好的心态来处理眼前的一切。”这位创始人将他的“解除抑制日”提升到了一个新高度，并用它来处理范围更广的、更有挑战的事情，比如在商业谈判时发表意见。

在坚持真实自我的前提下做出决策并非一蹴而就的过程，但随着时间的推移，你的直觉会变得愈发准确。你越是勤加练习这项技能，就越能自如地在日常生活中保持内心的平衡，不论周围发生怎样的状况。

## 遇到了阻力？

**1. “试驾”你的决定。**当你第一次开始运用直觉时，可能不会很快做出决定。这时你可以选择用角色扮演的方式来代替过度思考。你可以假设自己选择了 A 选项，并预演自己之后的生活，保持这个设定 2~3 天，观察自己的想法和感受。然后，在接下来的 2~3 天内，再尝试一下 B 选项。在整个实验结束时，评估你的反应。

**2. 培养开放的心态。**善于观察是优异高敏者的优势，所以好好利用它来保持你对新事物的好奇心。让直觉引领你去全新的地方。在这一周里，你可以去探索一个话题，可以只是为了好玩，只要它能引起你的兴趣。你也可以尝试不同类型的音乐，或者尝试一个你的专业领域之外的播客。

**3. 内置缓冲时间。**直觉无法在繁忙、紧张的环境中发挥作用。要真正听到来自内心的声音，就必须留出一部分时间为自己减压以及反思自己的经历。我比较喜欢的方式是在投入新工作前至少空出 15~20 分钟的时间来缓冲，这让我能够单纯地与自己相处，让神经系统恢复平和，这样就可以理清并理解正在发生的事情。

**4. 限制决策疲劳造成的消耗。**你每天要做数百个决定，从早餐吃什么到如何回复电子邮件，每一个都会耗费你的精力和情感储备。你能排除的小决定越多，剩余下来的、可投入到真正重要决定中的精力就越多。制定常规秩序并彻底排除某些不重要的决定（比如每周的餐谱、胶囊衣橱[9]等）有助于保存你的脑力。

**5. 回想你相信自己的直觉并成功的时候。**从来没有学员对我说过：“我后悔没有听从自己的直觉。”今天抽出几分钟的时间，列出你一生中五个相信自己直觉的例子，以及最后的结果是否对你有利。看到了吗？你每一次的决定都是正确的！直觉是很可靠的决策工具，多关注自己的直觉会让你前进的道路平坦许多。

## *特拉维斯的行动策略*

交谈间特拉维斯告诉我，长久以来他的敏感没有一丝一毫的缓解。他每天喝很多咖啡，常常熬到深夜才睡，却收效甚微，这让他更加紧张易怒。我们就这些问题展开了讨论，如何让敏感恢复到平衡状态，以及该不该辞去工作投入到咨询事业。特拉维斯承认，这些分析对他来说毫无帮助，他担忧在这个时候做出错误的决定，因为他已经厌倦了思考。

我们一起制定了一个策略。周六早上醒来，特拉维斯打开笔记本，写下了一个问题：“我应该全职从事咨询工作吗？”然后，

9. 胶囊衣橱是一种混合穿搭衣橱，帮你精简你的衣柜，留下一些经典必备的单品，来组合出更多的搭配。

他没有立即开始工作，而是去外面走一走，给自己一段安静的时间，让自己的内心得以平静片刻，他知道自己需要这样。回来的时候，他和搭档吃了早餐，然后回到桌子前。他几乎没怎么思考，就给出了心里的答案——“不”。那一刻他顿感宽慰。他想起了在医院走廊里，病人对于他为维护医疗系统所做的辛勤工作表示感谢；他还记得有一次医院停电，当供电恢复、计算机系统重启时，上司和他击掌欢呼。他突然感到一种温暖的满足感，因为他终于可以延续这些温馨的时刻，再也不必过充满压力和毫无个人时间的忙碌生活。

既然对如何抉择有了明确的想法，特拉维斯知道必须制订相应的行动计划，于是他用了另一种技巧来帮助他在情感、财务需求与兴趣、职业目标之间寻求平衡（你将在“内部董事会”练习中尝试这一技巧）。他的第一反应是结束目前的咨询业务，全身心投入到医院的工作中。但是在接下来的两周，当他圆满地处理完客户的咨询业务时，他尝试对自己未来的发展保持一个开放的心态，因为他更清楚地认识到：没有所谓的正确答案，正确的选择只是目前最契合他的处境、对他最有利的选择。在这种观念下，他意识到咨询业务带来的额外收入其实是一种真正的优势，使他可以在私人时间里寻求突破。此外，他在做咨询顾问的这段时间里学到了很多东西，他不想就此自绝后路，说不定有朝一日他可以拥有自己的企业，或是在新岗位上有机会施展自己的所长。

特拉维斯查看了自己的银行账户，也仔细考虑了如何让工作之余的生活更易于管理，然后他做出了一个决定：如果承担少量项目的话，可以继续进行咨询，这就涉及建立边界的问题（稍后我们在第七章会讲到）。同时他还意识到，对时间的重视意味着他可以自信地提高价格，而不是将咨询工作减半、产生巨大的收入落差。而整个过程中最棒的是，特拉维斯体验到了一种久违的平静。他变得勤于锻炼，睡眠也有了很大改善，并且在结束一天的工作时能够真正放松下来。他选择相信自己的直觉，同时也精心制订了合理的计划，这令他能够以一种更有利的方式前进，即使其他人可能不会做出这样的决定。

练习

# 你的内部董事会

在脑海里想象一张会议桌。围坐在桌子周围的是你持不同意见的分身。每一个分身都代表了一位董事会成员，他们每一个人都有自己特定的观点、目标、见解和动机。当你遇到阻碍或陷于艰难的抉择时，就可以咨询你的内部董事会，从你的内心找到富于创造性的答案。邀请不同的成员发言便可以组织一场丰富的对话，在这里你可以找到丰富的直觉性认知和解决方案。你可能会豁然开朗，也可能无法立即找到解决方案。但它会给你指引，带给你直观、清晰的认知，并帮助你真正地认识自己的各个方面。

## 说明

**1. 找出问题所在。**在下文图中中间的圆圈里写下你遇到的挑战，或是正在努力实现的目标。

**2. 给每位董事会成员取一个名字。**我的学员通常会列出 2~4 位不同的董事会成员，当然，你可能会更多。内部董事会成员的常见示例包括：

- 你内心的批评家：他会让你觉得自己一文不值。
- 你内心的守护者：他谨慎、尽责，对潜在的危险保持高度警惕。

- 你内心的叛逆者：他只想玩得开心，可能会对责任和期望感到不满。
- 你内心的冠军：他脚踏实地、充满智慧、令人鼓舞。
- 你内心的鞭策者：他喜欢把事情做完，但是有过度工作的倾向，且沉迷于荣誉光环。

3. **了解每位董事会成员的目标和态度。**注意谁的声音被压抑、被忽视或是不及你期待的强势。你可能会发现相似的感觉和斗争将他们团结在一起。你可以使用以下问题来采访诸位董事会成员：

- 你的工作是什么？你在工作中发挥了怎样的作用？
- 你认为我应该如何处理这个问题？
- 如果我采纳了你的方案，你会期待怎样的结果？如果我没有采纳你的方案，你会有哪些担忧？
- 实现目标的方法是否不止一种？
- 你认为我接下来的最佳举措是什么？

# 你的内部董事会

特拉维斯

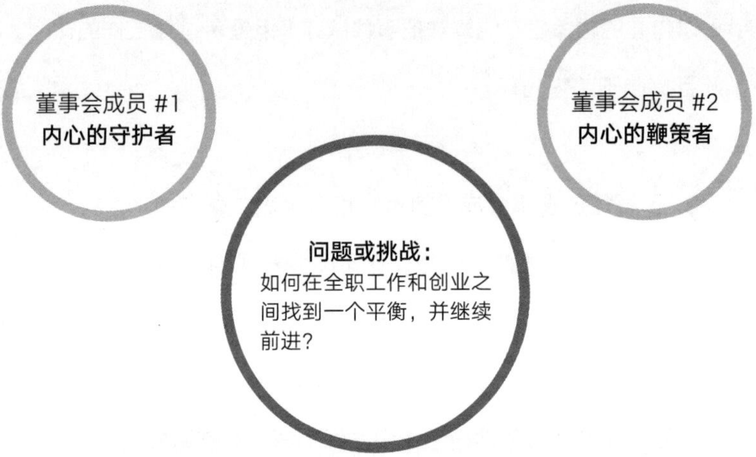

董事会成员 #1
**内心的守护者**

董事会成员 #2
**内心的鞭策者**

**问题或挑战：**
如何在全职工作和创业之间找到一个平衡，并继续前进？

| 采访：内心的守护者 | 采访：内心的鞭策者 |
| --- | --- |
| **你的工作是什么？<br>你在工作中发挥了怎样的作用？** | **你的工作是什么？<br>你在工作中发挥了怎样的作用？** |
| 我的工作是照顾你。我渴望确定性、安全性和稳定性。 | 我来这里是为了确保你会努力工作，鞭策你前进的。 |
| **你认为<br>我应该如何处理这个问题？** | **你认为<br>我应该如何处理这个问题？** |

| | |
|---|---|
| 在有全职工作的情况下创业是有风险的，这不值得。而且你的步调太快了，你会累垮的。 | 你应该看到去年的业务增长令人兴奋。不要放弃，趁热打铁，干出一番事业来。 |
| **如果我采纳了你的方案，你会期待怎样的结果？如果我没有采纳你的方案，你会有哪些担忧？** | **如果我采纳了你的方案，你会期待怎样的结果？如果我没有采纳你的方案，你会有哪些担忧？** |
| 我希望你放弃这项业务，这样你就可以专注于发展在医院的事业。如果你不这样做，我担心你会为了努力维持平衡而投入过多，最后精疲力竭。 | 我希望你能最大限度利用手头的咨询机会，并通过新的项目不断挑战自己。我不想让你错过成功的新高度。 |
| **实现目标的方法是否不止一种？** | **实现目标的方法是否不止一种？** |
| 你可以将咨询项目的数量限制在合理的范围内，比如每季度 1~3 个。 | 你可以提高报价，因为你有足够多的客户需求，对项目也有更多的选择，以确保它们既有丰厚的经济回报也兼具挑战性和乐趣。 |
| **你认为我接下来的最佳举措是什么？** | **你认为我接下来的最佳举措是什么？** |
| 确定你愿意在下班后花多少时间进行咨询，以及你有精力处理的客户数量。 | 调整你网站上的报价。 |

## 你的内部董事会

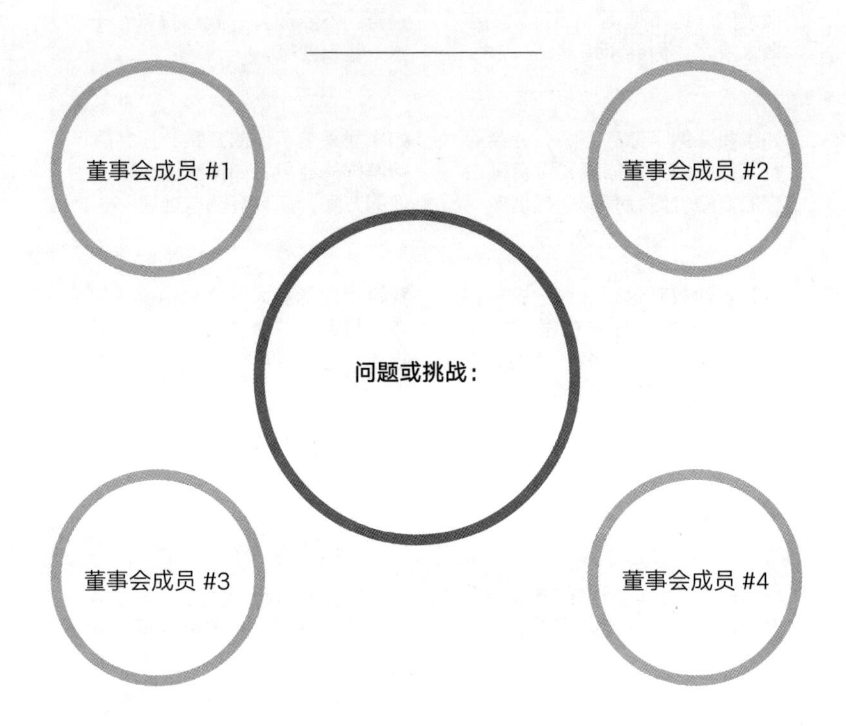


**每位董事会成员待回答的问题：**

你的工作是什么？你在工作中发挥了怎样的作用？

你认为我应该如何处理这个问题？

如果我采纳了你的方案，你会期待怎样的结果？如果我没有采纳你的方案，你会有哪些担忧？

实现目标的方法是否不止一种？

你认为我接下来的最佳举措是什么？

# 为什么总是边界不清

智慧最明显的标志就是恒定的欢乐，

它的境况有如目外的景物，永远的宁静。

——米歇尔·德·蒙田

杰西卡管理着一家市值几十亿美元的企业。她数十年如一日辛勤工作，甚至经常替别人完成工作。现在她成为上市公司的总裁已经第五年了，她整日在办公室穿梭，仿佛必须要解决每一个问题，即使那些问题对她来说很低级，或者要求她在最后一分钟跳上飞机。她经常缺席孩子们的学校活动（即使答应会参加），她甚至因为一家新店开业时发生状况而当即取消了与丈夫的周年庆祝。杰西卡为事业所取得的成就感到自豪，与此同时，她也不断地感到空虚和无力，这是内驱力和责任感的必然结果。在大多数的日子里，晚饭后她都会在桌前工作很久，等她终于躺下来准备睡觉的时候，身旁的丈夫早已酣睡数个小时了。作为母亲、妻子和管理者，她总是疲惫不堪，并且对自己的表现深感愧疚，但她还是一如既往，无视自己日益滋长的不安，希望所有的问题最终都能自行解决。

当我们开始合作时，杰西卡告诉我，她想集中精力为公司制定国际业务的拓展战略。事实上，她也别无选择——董事长已委任她在未来六个月开设五家新店，尽管他知道杰西卡每周都超负荷工作 50 个小时，而且实体零售业的前景也未可知。杰西卡抱怨说，她的日程表已经满到挤不出一丝时间去制定公司盈利策略了。当我问她是如何分配实际的工作时间时，她承认，自从一年前公司业务开始拓展以来，她每天至少有一半的时间是用于新店的组织管理工作的，这本是一项应该由她监督指导而不是亲力亲为的工作。

从杰西卡在公司做助理开始，她便抓住一切机会挑战自我，每年的黑色星期五和圣诞季她都冲在第一线，同时也积极参加公司组织的领导力培训。十年间，她从助理升到经理、区域经理，继而又在公司总部任职。短短几年内，杰西卡便被提升为总裁，但她依旧对昔日的职责难以放手，因为她觉得为辛苦忙碌的团队提供庇护是自己应尽的责任。尽管公司不断发展壮大，但她仍然为繁忙的工作节奏感到困扰。现在，杰西卡终于意识到她首要关注的应该是领导者的策略。“我必须更好地委任团队来分担公司的事务，”她告诉我，“但我想确保他们能自己完成工作，并且可以做得很好。”杰西卡知道员工并未习惯没有监督指导独立完成工作，她还是无法放手。她的做法其实是在纵容大家犯错或放弃，因为他们知道杰西卡总会出现并解决所有的问题。

像许多优异高敏者一样，曾经促使杰西卡职业提升的核心特质现在已经失去了平衡，而且可能破坏她为之奋斗的一切。每当有人突然出现在她的办公室，并对她说：“嘿，你有时间吗？”她都会亲自解决迎面而来的任何危机，在她早已超负荷的待办事项列表上再添上一笔。即使在周末或假期，本该放松的时候，她发现自己竟然仍在考虑回公司后的工作计划。现在她的婚姻也出现了危机。丈夫觉得自己总是被忽略，建议她考虑离婚。尽管杰西卡喜欢那种被公司重用的感觉，但她已经开始有些怨恨它了，因为这让她感到沮丧、疲惫，而且正在毁掉她的婚姻。很明显，杰西卡的责任心和内驱力过于强烈了。只有一种方法可以帮助自己、家人和团队：她必须制定一个明确的工作边界方案。

## 建立边界：对你所需要的说“是”

建立边界，是通过定义你的欲望、需求和偏好，在你和另一个实体之间营造出一定的空间，就像一道篱笆，控制着会对你产生影响的一切——你想让什么进来，想把什么拦在外面，以及如果有人越过这道篱笆时你选择如何回应。不幸的是，对优异高敏者来说，建立边界并不是件容易的事，因为你总是容易被别人所影响，或是把别人的需求和愿望放在自己之上。当你这样做的时候，你的心理需求就会枯竭。优异高敏者有时也会错误地将边界视为一件坏事，总是害怕被抛弃、害怕伤感情或是害怕被视为自私自利。许多优异高敏者还会觉得设定界限与他们忠诚善良的自我形象相悖。

但是我想告诉你，健康的边界可以让你自如地以更有成效的方式与人互动，有效地应对时间和精力上的需求，并专注于你热爱的工作。边界感可以帮你对与内心相悖的人或事说“不”，这样你就可以对那些你想要或对你有利的部分说“是”。

拥有健康的边界意味着你：

- **不要为小事操心**。从容面对小烦恼，原谅自己的小过失。
- **对自己负责**。你可以选择自己的回应方式，除了老板、伴侣、同事或朋友，没有人能让你做什么或感觉到什么，接受这个设定。

- **保持个人的优秀标准。**不要为了压力、比较或取悦他人而退让。
- **给他人成功的空间。**即使你的团队或是下属需要帮助，也不要为他们安排好一切，而是指导他们提升自己。
- **忠于自己的真实想法。**表达你在工作方面的偏好：沟通、工作风格以及你在职业生涯中想要什么或拒绝什么。
- **坚持贯彻你所设立的边界。**一旦有人越界（这可能意味着离开会议、拍桌子或以其他不恰当的方式），务必重审你的界限，不必感到尴尬或歉疚。
- **信守对自己做出的承诺。**你要负责去实现自己的目标，不论目标多大或多小。

更重要的是，通过找到你的中心位置（第四章）、定义与再构消极的自我对话（第五章）以及相信你的直觉（第六章）各部分的学习，健康的边界会保护你已经养成的积极习惯。

## "做格雷琴"：遵循你的规则

边界，换句话来说就是你赖以生存的准则，它可以帮助你成为更好的自己，也可以让你在事业上取得更好的发展。你甚至可能已经有了一些生活和工作的准则，只是自己没有意识到。但是下意识地遵守规则和有意识地构建并运用边界，这二者之间有着天壤之别。畅销书作家格雷琴·鲁宾在《幸福计划》一书的写作过程中发现，她所做的最具挑战性、最有帮助也最有趣的任务，就是确定她所遵循的总体原则，而这也是她创造更多快乐使命的一部分。这些原则中的第一条基本的界限就是：做格雷琴。这是因为鲁宾发现，做自己是很难的一件事情，她曾这样写道："我知道我希望自己成为什么样子，而这模糊了我对自己原本样子的理解。"有时，她会假装享受那些她并不喜欢的活动和话题——喝酒、购物、烹饪，而忽略了她真正的喜好和兴趣。对鲁宾来说，"做格雷琴"意味着接受她真正喜欢的和不喜欢的，保持她的性情和偏好，以确保她在个人生活乃至职业生涯中能有更好的表现。毕竟，"做格雷琴"的灵感来源于与桑德拉·戴·奥康纳大法官的一次关于"幸福的秘密"的谈话，这位最高法院的大法官在谈话中提到了"值得做的工作"。对鲁宾而言，这意味着从更稳定的法律相关的职业转向更冒险的作家角色。当她最终完成这一转变并开始遵循自己的规则生活时，许多事情就变得容易多了。

给曾经给予她负面评价的书评人发一封友好的电子邮件（该书评人回信称赞她从容不迫，并表示自认很难做到这一点）。

在研究过程中控制不住记很多笔记的时候，要享受其中的乐趣而不是灰心丧气，即使这会让她进展缓慢。

博客新建初期，她专注于每天写一篇博文，每周写六天，而不是把精力分散在多个项目上，每个都浅尝辄止。

我的一名学员受到鲁宾“做格雷琴”宣言的启发，她在自己的手臂上文上了“成为 xxx”的字样以示提醒：要忠实于自己。从那时起，这名学员便获得了巨大的勇气去追求（而且也得到了）她感兴趣的任务，甚至做了更能发挥自己优势的工作（并因此获得了六位数的薪水）。做自己也会带来更多实际的好处，不仅让她和团队之间有了更多的信任，也让团队可以按照自己的真实想法行事。她不必耗费精力隐藏自己不好的一面，却可以充分发挥自己的领导力和个人风格。例如以轻松、愉快、幽默的方式来指导团队，或者换一个发型，以此重新定义“看起来足够专业”的含义。

## 策略：遵循四种感觉测试

我的学员们在试图设定界限时经常问我应该从哪里开始。我告诉他们，就像大多数事情一样，这是从内部开始的——利用自己在情绪反应中所发现的信息。还记得我们在第四章中曾经讨论过的，一旦你处于平静状态，要如何接收到情绪试图传达给你的信息吗？好的，现在我们就来加以运用。我设计了一个虽然简单、但效果显著的内在评估法：如果你有以下四种感觉之一——紧张、怨恨、沮丧或不安——那就表明你有必要设立边界。处理好这四种感觉，你就可以把更多的时间和空间留给自己想要的东西，而不是浪费在不想要的东西上。

### 紧张

表现：有一种压力感或紧张感，可能会引起持续的紧张、恐惧或心烦意乱。

信号：感觉到某件事情悬于一线，成败完全取决于你的表现如何。你觉得自己对某种情况负有责任。

优点：在压力下表现稳定是一种理想的领导才能，这是有原因的，因为它能激发你对任务的专注力。

缺点：不可控的紧张情绪可能意味着你永远不会让自己停歇、休息或养精蓄锐，因为你觉得必须一直前进以达到下一个基准（由他人设定或自我强加）。

需要考虑的问题：什么情况会引发恐惧感？在我超负荷工作的时候，我的身体试图发出怎样的劝诫信号？

### 怨恨

表现：每当想到某一情景或沟通时所能感觉到的长期、持续的痛苦、愤怒或嫉妒。感觉不被赏识或不被认可。

信号：怨恨是无声的愤怒。这是一个信号，表明你生活中的一条重要准则或期望被别人违反了（甚至可能被你忽略了）。

优点：怨恨是一种选择，这意味着你可以放下旧伤，为了自己重新站起来，打破不平衡的状态。

缺点：怨恨使人们不能运用同理心或客观地处理各种情况。它会让人自怜自哀，而不是解决问题。

需要考虑的问题：我在什么情况下觉得自己受到了不公平的对待？我该怎样勇敢地澄清和表达期望？我需要学着放手吗？如果需要，应该是哪些事情？

### 沮丧

表现：由于无法改变或达成某事而对他人或自己感到不安、懊恼或不快。在追求目标的过程中感觉不顺利或被阻碍。

信号：你目前的方法已经不适用了，所以是时候改变方向了。或者你在不断重复同样的事情，并期待不同的结果。

优点：它认可你在追求对自己有意义的东西，但你的大脑相信你可以通过更好、更合适的方法来实现目标。

缺点：挫败感会让你放弃你真正想要的，退而求其次。

需要考虑的问题：我能控制什么？我怎样才能在方法运用上更加灵活？我今天能改变什么微小的想法或行为，从而开始蜕变？

### 不安

表现：一种挥之不去的或低级的不安感、厌烦感、内疚感，甚至是尴尬。通常和你的直觉不谋而合：一定是哪里出了问题。

信号：如果你感到不安，注意这是一个信号，你需要明确需求，并以此为目标采取相应的举措。

优点：轻微的、间歇性的不适可能是一个信号，这说明你正在推动和挑战自己去尝试新鲜事物、去验证，它也可能起到催化作用，促使你对不满的环境做出改变。

缺点：过度的不适并不会令人成长。强迫自己追求力所不及的事情只会令人精疲力竭。

要考虑的问题：我在什么情况下强迫自己做了力不能及的事情？什么情况会消耗我的精力或让我感到不安？

这四种感觉的出现都应该有一个界限吗？不是的。但是你要寻找模式和重复出现的主题。这将为你带来创造新规则和做出改变的机会，从而保护你的内心世界。由于通过情感的镜头去接近边界是前所未有的经历，我在这里举几个常见的例子来说明一下这四种情感是如何表现出来的。这些场景是让你开始思考优异高敏者最难设置边界的领域：工作、生活、健康以及与自己的关系。勾选出符合你的实际情况的描述。下面的练习将帮助你将洞察力转化为切实的行动，并帮助你举出其他产生这四种感受的例子。

## 工作

○ 你希望自己的努力能够得到认可

○ 你的工作时间过长，已经令你感到不适

○ 你觉得自己必须立即回复电子邮件

○ 你会因为同事对你疏远或是表现得高高在上而感到不快

○ 你正处于办公室政治或流言蜚语之中

○ 尽管表现出色，但领导在考虑新项目的人选时却忽略了你

○ 你被分配的任务量超出了你能处理的合理范畴

## 生活

○ 你的家人并不尊重你的工作时间

○ 你承担的家务和责任超过了应该承担的份额

○ 周末的私人时间你仍在回复电子邮件或接听工作电话

○ 伴侣公开分享你并不满意的生活细节，或者透露你个人公司的信息

○ 亲戚们向你施加压力，催促你完成里程碑式的人生大事（比如生孩子、买房等）

○ 朋友依靠你来解决个人问题，或者随时找你帮忙，却没有同样地帮助过你以示回报

○ 周围的人批评或嘲笑能带给你快乐的事情

**健康**

○ 你家里存有不符合你口味的食物

○ 你希望每周有一定的运动量

○ 你在疲劳的时候也不让自己停下来休息

○ 你希望限制自己咖啡因和酒精的摄入量

○ 你总是比计划睡得晚，而且早上醒来时感觉很累

○ 你希望在外出时决定好就餐方式

○ 你不愿意谈论自己的身体或体重

○ 你希望腾出时间来进行恢复性的自我练习，比如冥想

**与自己的关系**

○ 每当觉得无聊的时候，你就会查看社交媒体平台

○ 你不喜欢自己消费的内容（电视节目、新闻等）

○ 你想严格按照自己的预算行事，只购买购物清单上列出的东西

○ 你经常舍弃自己的爱好和热爱的项目

○ 你想要更多的独处时间

○ 即使情绪低落，你也不想一直假装快乐

○ 你希望能够更客观地看待自己的不足，而不是感觉别人在针对自己

## 遇到了阻力？

**1. 调整你的节奏。**切记，设立新边界不宜操之过急。将目标设定为感觉可行且易于实施的改变，就像本书中的所有内容一样，我们的目标是循序渐进、稳步提高。这样你就可以遵守并始终贯彻个人准则，做一个尊重自己的需求和愿望的人，赢得对自己的信任。

**2. 确定需要了解新边界的目标群体。**通常来说，这包括与你最亲近的人以及经常与你互动的人——你的团队、经理、客户、家人或密友。例如，你可能需要告知伴侣，下班后你需要些安静的时间来减压，然后再去交流这一天过得如何；或者你需要让同事知道你不能再帮助他们完成任务。

**3. 抵御可预见的阻力。**人们都不喜欢改变，所以如果你打破现状，可能会令其他人感到不悦。他们可能会试图羞辱你、说服你改变主意或是极力劝说你轻松一些。不要被他们左右，保持头脑清醒。你知道什么最适合自己，请始终如一地坚持自己的主张（更多相关内容请参阅第十二章）。

**4. 保护自己。**把“你的边界”想象成一个能保护你不被外界的消极反应所干扰的防护罩。女士获得报酬网[10]的创始人克莱尔·沃瑟曼，曾和我分享，在即将进行艰难的谈判或紧张的谈话时（也就是需要设

10. 该网站的宗旨是通过培训使广大女性群体在职业生涯中取得进步，帮助缩小性别工资和领导能力的差距，来自世界各地的女性在这里自由分享建议、资源，推荐工作机会。

立边界的时候），她会想象自己身披金色的盔甲。另一个很好的可视化冥想方法是：把你的手放在胃的下方，然后沿着身体一直至头顶，画一条想象的线，就像在拉一件外套的拉链一样。

**5. 做好歉疚的准备。**起初，你可能会因为表达自己的需求而感到歉疚。这完全没有必要（我们马上就会讲到该说些什么来代替道歉）。练习你在第五章中使用过的重构工具，并提醒自己“设立边界没什么难的”“我很擅长设立边界，虽然它让我有些不自在”，或者“我只是感到内疚而已，这并不意味着我真的做错了什么”。

## *杰西卡的行动策略*

在之后的一次指导课上，杰西卡坐下来完成了她的四种感觉测试。她的怨恨是最明显的，因为她觉得自己被利用、没有得到应有的尊重。杰西卡发现自己经常会说“董事会对我指手画脚的”“我的团队让我觉得自己太好说话了”之类的话。事实上，没有人能让杰西卡产生任何感受，她是唯一对自己的情绪有掌控权的人。她没有浪费精力继续抱怨，而是决定以一种健康而富有成效的方式去处理怨恨。更重要的是，她不允许自己再忽略应尽的家庭义务。于是杰西卡调整了自己的日程表，将周一和周三下午 4 点后列为不可打扰的家庭时间，这样她就可以按时下班，去接孩子们放学，或者加入他们的游戏和其他课外活动。同时她还承诺会多抽出时间陪丈夫，并指定周四晚上为约会之夜。

起初，公司和团队觉得很难接受这些新边界，杰西卡甚至还收到了几封表达愤怒的电子邮件，质问她为什么没有第一时间回复发给她的问题和重要事项。在被需要的时候没能挺身而出令她感到愧疚，她的本能反应是立刻回到工作岗位上，但她还是提醒自己：坚持这样做既是为家庭，也是为更高层次的责任感争取更广阔的空间，这一点至关重要，因为这直接关系到下一阶段的工作能否取得成功。不过几周的时间，同事们便适应了她的新日程，团队也加快了步伐，没有她的帮忙也可以独立完成工作。她不得不承认，退一步对大家来说都有益处，不仅因为同事有能力完成这项工作，也因为她正在打破自己不经意间建立起来的“过度工作文化”。现在，她的边界设置已经对其他人产生了影响：团队在工作效率和成果方面有了显著的提升，甚至还比以前更快乐了，因为他们知道自己不必无休止地工作。

确定边界并不是一劳永逸的，为了避免被压垮，我们每次只会专注于一条边界，就从她紧张、怨恨、沮丧和不安程度最严重的边界开始。当杰西卡信守了多陪伴家人的承诺时，她又意识到如果没有规律、充足的睡眠，她就永远无法达到最佳状态，因此她承诺晚上10点开始准备睡觉，并在工作日的晚11点前关灯睡觉。

虽然最初她会为压缩的工作时间感到担忧，但事实证明，充分的休息使她在工作中更高效，让她能够将更多的时间分配到工作计划中，去制定公司的战略方向。

杰西卡有了一种强烈的主导意识，因为她建立了众多坚固的边界，它们彼此强化、彼此支撑，令她在有需求时继续做出改变。例如，她在调整了日程安排后，还执行了我称之为“尝试三次，然后问我”的方案：她教团队成员在问她问题前先咨询三个人——一位同事、一位专家以及互联网。虽然这种行为是外在的，但它代表了杰西卡珍惜时间和精力的内在转变。

你可能没有杰西卡那样的资历，也没她那样支配日程安排的能力，这都没有关系。不论你处于职业生涯的哪个阶段，就算不是领导者，你仍然可以改变当前的局面。例如，和老板谈谈工作安排的优先次序。私下排练一下如何表达，比如，“一个大项目的最后期限快到了，我正倾尽全力想要攻克它”。

“请向安吉拉寻求帮助”，或者“我完成这份报告后再来处理”，这样当其他人要求你承担更多的任务时，你就有了“去找某某”的回应。积极制定适合自己的日程表，而不是等待其他人来主导。“我可以在周二上午10~12点间提供帮助”，练习这样的回答和下面标注框中的短句，这会让边界的设置感觉更自然，并减轻你对人际关系遭到破坏的忧虑。永远不要忘记：你的思维方式、态度、感觉、习惯和决定都在你的控制范围之内。

## 说出心里话

人们首先要有边界感，边界才能发挥作用。你可以使用以下提示作为开场白，以坚定而不失灵活（也不必抱有歉意）的方式传达你的边界。

- 我不想 ________________________________。
- 我决定改为 ____________________________。
- 为了确保我（能保持最佳状态，能够为你服务），我会 ______________________________。
- 我无法 ______________________，但我可以 ______________________________。
- 因为 ________________ 对我来说很重要，我很荣幸能够 ______________________________。
- 现在，我要对 _________ 说“不”，这样我就可以对 ______________________________ 说“是”。
- 我需要的是 ________________________________。
- 我想提一个请求，____________________________________。
- 我很感谢你能想到我，但为了能够全力以赴地 ______________________________，我不得不拒绝 __________________。
- 我很想能够 ____________________，但是现在不行。如果需要的话我可以推荐其他能帮上忙的人。

- 谢谢你能想到我，不过我对 ______________________ 并不感兴趣。
- 我受宠若惊，但同时也无法 ________________________。
- ___________________________ 对我来说并不奏效。
- 关于 ________________________，我有些疑问。
- 是的，我很介意 ________________________。
- 我宁可不要 ____________________________。
- 我知道我们曾谈论过 ____________________，但是当初我答应的时候（没有预料到 / 并不知道）__________________。正因如此，我需要（拒绝 / 取消 / 推迟），非常感谢你的理解。
- 根据我目前所掌握的信息，我想再次拜访 _____________________。

练习

# 边界设定方案

你可能已经注意到自己在这个世界上的表现有所不同，但现在是时候利用目前对自己的了解来创造成长所需的条件了，就从定义你的边界开始。

**1. 想想生活中的一个主要方面。**回顾一下策略中的清单，或者找出生活中困扰你的一个方面。你可能会锁定工作、生活、健康或与自己相关的某个问题，但优先事项也可能与某些特定的因素有关，比如经济状况或社交生活。或者，你可能希望在一个区域中建立多个新边界。

**2. 确定需要设置或重新建立边界的方面。**让四种感觉测试来引导你。圈出你正在经历的情绪，并完成以下表格。想想你出现某种情绪时的情况和环境。

**3. 确定协商或设立边界的对象。**请记住，边界会在你和另一个实体之间构建一定的空间。有时是你和同事或家人之间的空间，也可能会在直觉、平衡的自我和自毁性自我之间设置界限。不论哪种情况，都可能涉及一些内在和外在的转变，以确保你会贯彻执行下去。

**4. 如果是给其他人设立边界。**对外，你必须明确传达所做的调整。对内，你可能会决定缩减在某个人身上的时间投入。

**5. 如果是给自己设立边界。**外在方面，你可以更改日程的管理方式。内在方面，你可以设置一些提醒并自我肯定，这可以鼓励你坚持自己的承诺。

**6. 明确将如何支持、尊重或维护边界。**这至关重要，因为在很多时候，你可能曾经尝试过设定界限，但很快就因为愧疚感放弃了，这对你来说更容易也更熟悉。那些日子已经一去不复返了。对自己做出明确的承诺，告诉自己如何坚持到底。

# 边界设定方案

杰西卡

| 工作 | 家庭 |
| --- | --- |
| 我感到紧张/**怨恨**/沮丧/不安，因为**工作让我没有时间陪孩子们，还错过了他们的体育比赛**。 | 我感到紧张/怨恨/**沮丧**/不安，因为**我丈夫要求试着分居**。 |
| 需要设立的边界是：**周一和周三下午4点准时下班，不要被工作所累**。 | 需要设立的边界是：**承诺每周四晚上约会，以修补我们的关系**。 |
| 我将通过“**封锁**"**我的日程表，禁止自己在这些时段参加会议**的方式来维护这一界限。 | 我将通过**雇佣一名保姆并提前选定拟参加的活动**的方式来维护这一界限。 |

| 健康 | 自己 |
| --- | --- |
| 我感到**紧张**/怨恨/沮丧/不安，因为**我一直承受着成功的压力，即使体力透支也无法休息。我一直很累**。 | 我感到紧张/怨恨/沮丧/**不安**，因为**我对同时做一个好妻子、好母亲和好领导感到愧疚**。 |
| 需要设立的边界是：**我必须及时设立边界以保证自己的休息时间。对我来说，这意味着不必每晚工作到午夜**。 | 需要设立的边界是：**原谅自己因错过与孩子相处的时间而感到愧疚**。 |
| 我将通过**坚持晚上10点开始准备睡觉，让自己有时间松弛下来，并在工作日的晚上11点前关灯睡觉**的方式来维护这一界限。 | 我将通过**提醒自己，我会尽我所能**的方式来维护这一界限。 |

## 边界设定方案

| 工作 | 家庭 |
| --- | --- |
| 我感到紧张 / 怨恨 / 沮丧 / 不安，因为 ________________________。 | 我感到紧张 / 怨恨 / 沮丧 / 不安，因为 ________________________。 |
| 需要设立的边界是：________________________。 | 需要设立的边界是：________________________。 |
| 我将通过 ________________________ 的方式来维护这一界限。 | 我将通过 ________________________ 的方式来维护这一界限。 |
| **健康** | **自己** |
| 我感到紧张 / 怨恨 / 沮丧 / 不安，因为 ________________________。 | 我感到紧张 / 怨恨 / 沮丧 / 不安，因为 ________________________。 |
| 需要设立的边界是：________________________。 | 需要设立的边界是：________________________。 |
| 我将通过 ________________________ 的方式来维护这一界限。 | 我将通过 ________________________ 的方式来维护这一界限。 |

# 第三部分

# 成为
# 你想成为的人

# 如何
# 找回真正的自我

探索自己的内心，这才是我们要做的。

有了问题，不应该只向外界寻求解决方案。

了解真正的自己，

当你开始从内心寻找英雄时，你已经成为一个英雄。

——爱玛 · 蒂本斯

还记得凯瑟琳吗？那个你在第四章认识的高级用户界面设计师。在她主导的网站成功上线后，她更加有勇气思考自己的未来。在网站上线前的最后几天里，她努力保持专注、控制情绪。最终客户对成果非常满意，与公司续签了合同，并且表示很高兴成为凯瑟琳的客户，认为她的热情和专业精神是促成项目成功的关键要素。网站上线的工作正好在年底前结束，所以，收获了一片赞誉的凯瑟琳在项目结束后开始了自己的假期。她利用一年中的最后一个星期（也是公司暂停服务的时间），来进行了一些个人思考，主题就是——在接下来的12个月里想要做些什么。

回忆去年她最喜欢的工作，她发现这些工作都集中在进入管理岗位之后。她觉得承担更多责任和拥有更高的知名度让她感到更满足。但她也意识到，想要管理更多的员工，必须要积极提升自己的领导技能。在她与马克发生冲突之前，提升领导技能这项任务一直被忽视了。她仍然记忆犹新——当不得不和贝丝见面时，她感到多么害怕和尴尬，她决定绝不能忽视这些感觉，一定要采取行动来增强自己的信心。在休假的一周里，凯瑟琳埋头读书，观看各种管理技巧的视频教程，学习了一门面向新经理人的在线课程。她知道贝丝希望她能够从容应对像马克这样的员工，她经常想起贝丝曾经说过的话，成为一个伟大的领导者不仅要做高质量的工作，还要让团队中的每个人都朝着同一个方向前进。可是，辅导课和作业中都没有涉及相关的内容，她想知道如何才能做到这一点。

带着这些目标，凯瑟琳回到了工作岗位上。趁着新年伊始，大家斗志昂扬，公司召开了一场全体动员大会，不仅盘点了第四季度的收益，最重要的是讨论了公司未来的发展方向。公司CEO

在开场白中说，未来的一年将是关键的一年，为了实现收入翻番的目标，公司需要将员工人数从 100 人增加到 200 人以上。高层期待部分能力强的员工可以建立自己的团队。凯瑟琳发现公司的发展计划与自己的计划相吻合，她感到十分兴奋。接着，CEO 谈到了更好地定义组织文化的重要性。作为一家成长迅速的初创公司，他们之前并没有花时间关注这方面，但是，现在他们需要打造一个与众不同的市场形象，并且要规范自身的运作标准。CEO 身后的屏幕上随即出现了一系列新的公司理念——勇气、协作和服务。

动员大会开完一个星期后，凯瑟琳和我进行了一次辅导课。她试图理解公司理念，并开始思考作为个体如何融入公司。在她讲述了假期的想法之后，她和我说："当 CEO 开始谈论公司理念时，我意识到，除非我能够清楚地表达自己作为经理的价值观，否则我无法真正领导我的团队。"凯瑟琳善于发现细致入微的联系，此时的她意识到，当自己以一种新的眼光看待工作时，它也已经在以一种新的眼光看待自己。"我希望能够传达我的想法，就像 CEO 站在公司全体员工面前那样，但这意味着我必须开始思考自己是什么样的人、什么对我更重要，即使开始这些思考会令我感到不舒服。"凯瑟琳意识到自己希望可以和团队一起朝着更大的目标努力。但是，她该如何规划自己的道路、如何激励他人且同时忠于自己？这些问题的答案将会定义她的核心价值。

## 习惯真实的自己

虽然优异高敏者核心特质存在于你的DNA中（生物学功能），但是你仍需要用核心价值来引领自己的状态和信念、打磨自己的核心特质以实现一种更大的平衡（这一章的练习将帮助你做到这一点）。核心价值影响你生活的方方面面，帮助你展现出完整的自我，设定并实现对自己有意义的目标，最重要的是——指引你生活的方向。

对于优异高敏者而言，核心价值尤其重要，因为只有以它们为基础，你才能以积极的方式调动自己的警觉和情感，它们会帮助你转变——从过度关注别人的看法转变为聚焦自己内心、去追求你认为对的事情。没有明确的核心价值，你很容易迷失、感到困惑、看不到自己的未来。这正是许多学员最初和我一起进行辅导时的感受。反之，定义核心价值可以重塑你内心的导航系统、增强自信，更重要的是，你可以重新找到自己内心的指南针，这样就可以朝着心中最有意义的成功进发。

一开始，你会感觉定义核心价值这件事有点抽象，但是，只要你能先清楚地表达什么对自己最重要，就能弄清楚自己想从生活中得到什么。我们之所以要寻找核心价值，原因有如下几个。

- **核心价值会减少你的情绪反应。**假设你在工作了一整天之后感到焦虑不安，因为一切都没有按你的意愿发展。这时，列出核心价值清单可以帮助你找到挫折的源头，并且理解自己涌动的情绪。例如，也许你重视诚实的品质，而导致焦虑的原因正是你没有在一个重要的问题上分享真实感受。利用核心价值，你可以检查、找到内心真实的需要，在特定场合明确自己的立场和态度。

- **核心价值就像过滤器，可以减少过度思考。**核心价值为你提供了一条思维捷径，所以你可以依靠直觉更快地做出决定。如果你重视健康，也许下班后可以运动，或者和孩子一起做饭；如果你重视积极性，你会感谢可以从艰难的日子中学到一些东西。因此，了解自己的核心价值有助于消除导致精神焦虑的内在原因。
- **核心价值帮助你真实地展现自己。**拥抱核心价值是一种自我接纳，要求你完全接受向别人展示真实的自己。虽然这么做有点吓人，但这也意味着你不必把自己的一部分隐藏起来，或者伪装成别人，你可以得到自由。当你全身心、真实地投入到生活的各个场景中时，对失败和被拒绝的恐惧就会开始失去它们的威力。
- **核心价值为成功提供了令人满意的衡量标准。**核心价值虽然是无形的，但是能为你提供衡量成功的尺度，超越那些由荣誉、成就或任何其他外部标准定义的尺度。别人的意见和反对变得不那么重要了，因为你在追求意义和成就感，你的追求方式定义了真实的自己。即使被社会上的成功和幸福的主流观点狂轰滥炸，你也要坚持真实的自己并不断磨炼对于真实自己的驾驭。

- **核心价值为你带来稳定感。**核心价值是事业和个人身份的固有组成部分，你可以永远依靠它们。在五年或十年之后，你可能不会再做同样的工作，甚至可能不会留在相同的行业，但无论到哪里，你仍然拥有自己。即使你的工作发生了改变，你仍然是你。每当你自我怀疑或处在选择的十字路口时，你思考的永远是——怎样做才会更贴合自己的核心价值。

当你在家的状态和工作的状态趋近一致时，你将获得内心的平静。因此，个人价值观和职业价值观的一致是一种理想的状态。许多公司都有自己的一套核心价值，许多职业也是如此，比如社会工作、医疗和法律行业。你的个人核心价值观与公司和职业的价值观越接近越好，这一点我们将在第十章进一步讨论。但是，这是一种理想的状态，现实中并不一定会发生。即使你的个人价值观和公司的价值观不一样，也要确保它们至少是相容的。如果个人价值观与公司的价值观截然相反，那么你就会产生诸多不满。

## 了解自己的立场

詹姆斯·克利尔是畅销书《掌控习惯：如何养成好习惯并戒除坏习惯》的作者，他花费了数年时间研究高效能的艺术和科学。几年前，为了在工作中树立更高的标准，以更加真诚的方式带领团队以及塑造一个为民众服务的企业，他采取了一系列步骤。他发明了一个系统来记录这些步骤。克利尔的灵感来自这样一个观察：核心价值不难表达，但在日常生活中却很难实现。他用三年时间制作了一份“诚信报告”，这份报告令他重新审视自己的核心价值，并思考在生活中能否一直忠于自己的本性。他说道：“基本上，我的诚信报告帮助我回答了一个问题：生活中的我是否符合我的自我认知（即我觉得自己是什么样的人）？”

在年度诚信报告中，克利尔回答了三个问题：

1. 驱动生活的核心价值观是什么？

2. 目前，在忠于自己的本职工作和生活方面，我做得怎么样？

3. 我怎样才能设立更高的标准，在工作、生活中更加忠于自己？

克利尔认为核心价值并不是生活的全部，而只是“相信自己”工具包中的工具之一，就像跟随直觉一样。“我不会忽视决策过程的其他方面。我只是把我的核心价值观加入其中。例如，当处理生意中的问题时，我不会只问‘这能赚钱吗’，我会问‘这是否符合我的价值观’，然后才是‘这能赚钱吗’，如果其中任何一个答案是否定的，那么我就会做出其他选择。这种选择法背后的理念是：只有我们的生活和工作符合自己的核心价值，我们才更有可能对自己充满自豪，否则会充满后悔……如果你不知道自己的立场和目标，那么你就很容易偏离轨道、浪费时间去做一些不必要的事……从此走上一条危险的道路。”

## *策略：找到自己的核心价值*

如果你从来没有思考过自己的核心价值，不要自责。首先，学校里的教育并不涵盖这些。其次，就算你所在的公司强调公司价值观，但老板或雇主也很少会要求你去审视驱动个人成就和职业身份的到底是什么。如果你不了解这些价值观，你就无法践行它们，所以你现在要先慢慢地认识它们。想要从疯狂的生活节奏中抽身去定义那些对你而言最重要的核心价值，需要勇气和高度的自我尊重。尝试一下，证明自己可以做到。

你需要一支普通笔、一支荧光笔和一个笔记本。抽出 20~30 分钟的时间，集中注意力。为了进入对的状态，花一点时间使用第四章中你最喜欢的技巧让自己沉静下来。首先，查看书上的核心价值列表。不要被大量的词汇冲昏头脑，用荧光笔划出 7~10 个瞬间打动你的价值（跟随直觉，选择最能与你产生共鸣的词）。后面还有空间让你添加列表中没有的价值。思考的时候，闭上眼睛，回想一下生命中最好和最完美的一次感受——那时你充满力量，卓有成效，一切都很美妙。让自己回到那个时刻，感受那种能量，就好像你正在重温那段经历。想想那一刻在你的思想和行动下隐藏着什么信念。当你重新睁开眼睛时，在荧光笔划出的几个价值中再次选出促成那次美好经历的重点核心价值。最后只留下 3~5 个价值，它们是你生活的必需品，只有拥有它们你才能体验满足感、体验自己的存在，它们支撑了你的内在自我。再次彻底地检查一遍，确保每一个术语都能在情感上与你产生强烈共鸣，带给你积极的心态。

把你最后选择的核心价值写下来，放在随时可见的地方。这样做很妙，因为当你感到迷失和无助，或者仅仅是需要鼓励的时候，你都可以求助于它们。在本章即将到来的练习中，你也会需要它们。请记住，你的价值观不是一成不变的，它们会随着不同的人生阶段而发生改变，并且不断加深你对自己优异高敏者身份的理解，这就是为什么我们每年要重新检查几次自己的核心价值。

## 凯瑟琳的行动策略

在辅导中，凯瑟琳最终列出了自己的三个核心价值——承诺、好奇和成长。我鼓励她继续思考如何利用自己的价值，使自己的核心特质得到更大的平衡（你将在练习中学会这一点）。或者可以理解为——她的价值观如何帮助她平衡自己的情绪？凯瑟琳现在知道了，自己重视承诺，这就是为什么对于马克的越级她感到十分烦恼。马克的行为违背了她的"价值"，打破了工作的平衡以及她与同事的关系。弄清楚承诺的重要性帮助凯瑟琳设立了一个新的界限——如果马克再越过她，她不会再忍气吞声。

### 核心价值

| | | | |
|---|---|---|---|
| 富足 | 纪律 | 诚信 | 响应 |
| 接受 | 发现 | 智慧 | 休息 |
| 成就 | 多样性 | 亲密 | 克制 |
| 适应性 | 驱动力 | 欢乐 | 冒险精神 |
| 进步 | 效率 | 善良 | 安全 |
| 冒险 | 同理心 | 知识 | 自我照顾 |
| 利他主义 | 赋能 | 领导力 | 自我控制 |
| 野心 | 享受 | 学习 | 自尊 |
| 欣赏 | 热情 | 爱 | 无私 |
| 专注 | 平等 | 忠诚 | 服务 |
| 自主权 | 卓越 | 精通 | 重要性 |
| 平衡 | 经验 | 意义 | 简单 |

美丽
归属感
仁慈
大胆
勇敢
冷静
坦率
关怀
笃定
挑战
慈善
快乐
合作
舒适
承诺
社区
同情心
能力
信心
联系
一致性
满足感
贡献
合作
勇气
创造力
好奇心
果断

探索
表现力
公平
家庭
无畏
灵活性
专注
宽恕
坚韧
自由
友谊
有趣
慷慨
优雅
感激
成长
幸福
努力
健康
帮助
诚实
希望
谦逊
幽默
想象力
包容性
独立
个性
内心的和谐
创新
求知
灵感

正念
温和
动机
开放
乐观
原创力
激情
耐心
和平
坚持
不懈
个性
发展
好玩
愉悦
权力
存在
积极主动
生产力
专业精神
繁荣
守时
目的性
品质
理性
认可
关系
可靠性
恢复力
足智多谋
尊重
责任

孤独
灵性
稳定性
力量
结构清晰
成功
可持续发展
团队合作
深思熟虑
忍耐
韧性
宁静
透明度
值得信赖
理解
独特性
团结
实用性
英勇
精力充沛
远见
活力
温暖
财富
幸福
智慧
奇迹
其他：
____________
____________
____________

## 遇到了阻力？

**1. 困难一点又何妨！**我辅导的每一个学员在开始筛选自己最重要的核心价值时，都经历了极大的困难。这没关系，而且这样还有一个附带的好处：当你愿意坚持这个过程并接受这种困难时，就等于向自己证明了你可以接受困难的挑战，并且不会在其他情况下轻易放弃自己。

**2. 不要觉得羞愧。**选择核心价值时，不要感觉羞愧和尴尬。如果你的核心价值之一是自我照顾或休息，就不要说自己懒惰；如果你重视灵活性，就不要说自己不可靠。我的一个学员总是与虚荣和自恋做斗争，后来发现美丽是她的核心价值之一。一旦她停止内心的挣扎，并采取措施将更多的美融入她的生活中（例如重新设计她的工作空间，每天在大自然中散步），她的情绪和态度都开始发生积极的改变。

**3. 拒绝虚假的核心价值。**如果你根据别人对你的看法来选择自己的核心价值，或者选择了一个你希望自己拥有的核心价值，那么你就是在伤害自己。如果一个核心价值与你的身份不符或并不属于你，它只会引发矛盾和痛苦。

**4. 拼装你的核心价值。**如果在减少核心价值数量时遇到困难，可以尝试将相似的词语组合在一起。看看这些词语是否会有一个共同的主题？你可以问自己这样的问题：这个核心价值是否能够定义我的最佳状态？我是否可以利用这个核心价值来做出艰难的决定？我会为捍卫这个核心价值而战吗？还有，可能听起来有点奇怪，但是问问自己是否愿意让这些核心价值出现在自己葬礼的悼词中，也是非常有效的。

**5. 调整核心价值。**核心价值并不是一成不变的，所以不要让完美主义压倒你。筛选一下，把你的结果放在一边，然后睡一觉。当你更加了解自己作为优异高敏者的特质时，可以随时调整你的核心价值。

虽然没有办法预测自己接下来会做什么，但是凯瑟琳变得更加自信，因为她知道自己的情绪并没有扭曲，这些情绪是她内心重要理念的反映。尽管她什么都没做，通过设定自己的边界，她更接近自己的好奇。知道自己有个计划后，她不仅可以放心地回归她喜欢的、趣味十足的设计工作，而且可以从不同的角度去看待与马克的小插曲，她可以尝试新的方式来沟通、建立他们的工作关系。凯瑟琳还决定用一个简单的情绪跟踪 App 来监测自己的好奇，这样她就可以更多地了解自己的情绪，以及自己作为一个优异高敏者的特质。

在动员大会和辅导课后大约一个星期，凯瑟琳参加了一个由贝丝主持的公司文化研讨会。会场前面是一块白板，上面写着公司的价值观：勇敢、协作和服务。每个人都收到了两组便利贴：在绿色便利贴上，要列出支持公司价值观的行为和活动；在红色便利贴上，写下与公司价值观不符的具体事例，或者与公司文化背道而驰的行为。十分钟后，白板上贴满了绿色的便利贴，上面列出了很多积极的行为，但是没有人使用手里的红色便利贴。

凯瑟琳意识到马克事件正是与公司文化不符的典型案例。她不安地坐了一会儿，意识到自己正在担心同事们会怎么看她，甚至质疑她作为经理的管理能力。在那一刻，凯瑟琳问自己，怎样才能实现自己的个人价值。答案很清楚：她需要在白板上贴第一张红色便签。尽管早些时候她曾试图向贝丝隐瞒马克的情况，但从自己的管理工作中，她认识到真正的领导者要真实、坦诚，才能成长。她走上前，贴上一张红色便利贴，上面写着“团队沟通不畅”。房间里一片寂静，凯瑟琳讲述了马克的事情，其他经理专心聆听并提出了如何与马克进行坦诚沟通的建议。如果是过去，凯瑟琳不会主动讲述，也不会思考到底要不要坦承。然而，现在的她觉得很有把握，因为这一次，她跟随自己的直觉做了应该做的事情，没有因为害怕别人的眼光而退缩。

贝丝在研讨会后找到凯瑟琳，表扬她很好地示范了“勇气”（大胆地说出来）和“协作”（计划与马克一起工作并发展自己的团队）。她问凯瑟琳是否愿意和她一起创建并管理公司文化委员会，随着公司不断发展，这个委员会将在引领公司使命和愿景方面发挥作用。凯瑟琳欣然接受了。她很高兴可以借此机会在工作中更多地应用自己的警觉和责任感，这样做不仅可以服务于公司的目标，也同时促进了个人的成长，因为她做出了有意义的贡献。

练习

## 平衡轮（加入核心价值）

仅仅定义你的核心价值是不够的。想要把核心价值贯彻到日常表现中，你需要重新审视自己在第一章中制作的平衡轮，并用你的核心价值作为指导，来继续平衡你作为优异高敏者的核心特质。

说明

**1. 描述一下你选择的核心价值。**解释核心价值对你的含义，描述不要超过十个词语。完成后先放到一边，过一会儿我们再回来讨论。

**2. 复习平衡轮。**你是如何评价自己的每一项特质的？思考你在各个方面的成长。问问你自己：

- 迄今为止你最引以为傲的改变是什么？
- 迄今为止你获得的最有意义的进步是什么？
- 还需要哪些改变，才能让你觉得自己花时间读这本书并不断接受挑战是值得的？

**3. 再次完成平衡轮练习。**即使你的分数只增加了一两分，甚至和以前一样也没关系。画一条线，这条线代表了你目前的位置，再画一条线代表你六个月后想达到的位置，就像你在第一章所做的那样——画出你的成长距离。

**4. 将核心价值观和平衡轮放在一起审视。**想想如何利用你的核心价值来提高分数，以达到更大的平衡。列出你可以采取的行动。

**5. 针对每项特质重复以上过程。**最后，你会得到一系列切实可行的行动。圈出一个，这个星期就行动起来。

**6. 定期重新评估。**虽然在本书结束之前，你还会再次用到平衡轮练习，但我建议你以后将它作为常规练习，每个季度至少做一次。有学员每周或每月都会重新做一次平衡轮。现在就创建一个提醒，这样你就不会忘记这件事。

**7. 最后清空练习表。**

# 平衡轮

凯瑟琳

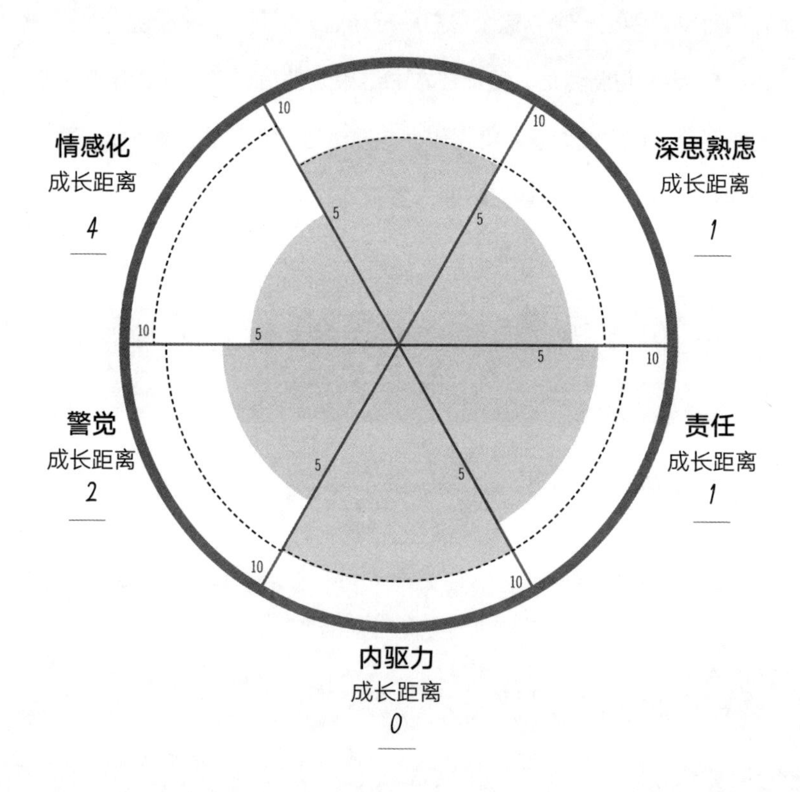

<table>
<tr><th colspan="2">核心价值</th></tr>
<tr><th>核心价值 1：承诺</th><th>核心价值 2：好奇</th></tr>
<tr><td>承诺：表现出我在乎自己的工作和团队</td><td>好奇：包容、接纳，更好地理解自己和别人</td></tr>
<tr><th>核心价值 3：成长</th><th>核心价值 4：</th></tr>
<tr><td>成长：作为经理人不断进步</td><td></td></tr>
<tr><th colspan="2">调整行动</th></tr>
<tr><td>和马克沟通，设定界限</td><td>开始使用情绪追踪 App</td></tr>
<tr><td>继续学习领导力课程</td><td>大声说出感受，即使这会暴露自己的不足</td></tr>
</table>

# 平衡轮

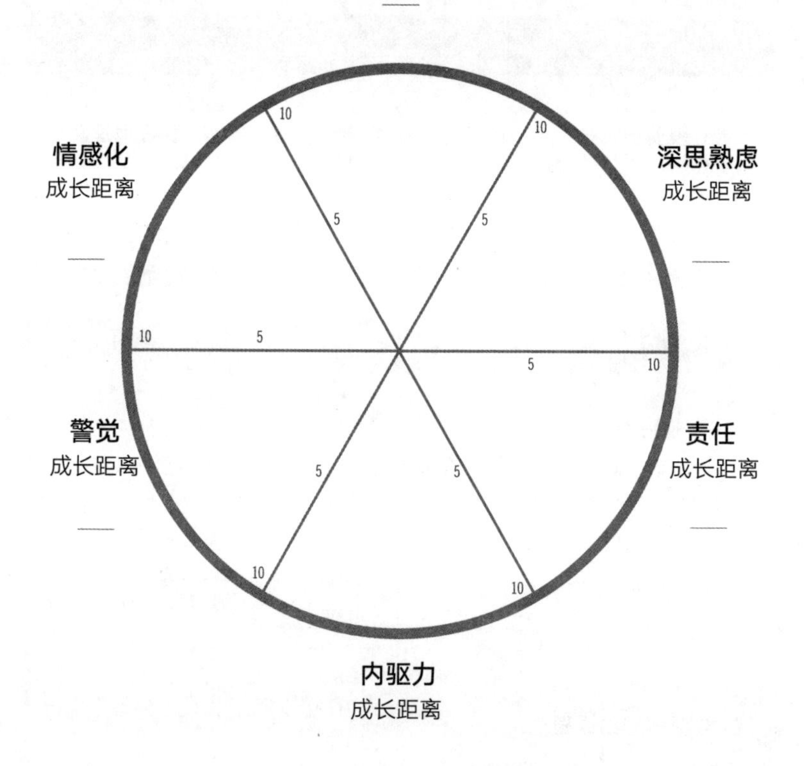

敏感
成长距离
深思熟虑
成长距离
责任
成长距离
内驱力
成长距离
警觉
成长距离
情感化
成长距离
10
5
10
5
10
5
10
5
10
5
10
5

<table>
<tr><th colspan="2">核心价值</th></tr>
<tr><td>核心价值 1:</td><td>核心价值 2:</td></tr>
<tr><td></td><td></td></tr>
<tr><td>核心价值 3:</td><td>核心价值 4:</td></tr>
<tr><td></td><td></td></tr>
<tr><th colspan="2">调整行动</th></tr>
<tr><td></td><td></td></tr>
<tr><td></td><td></td></tr>
</table>

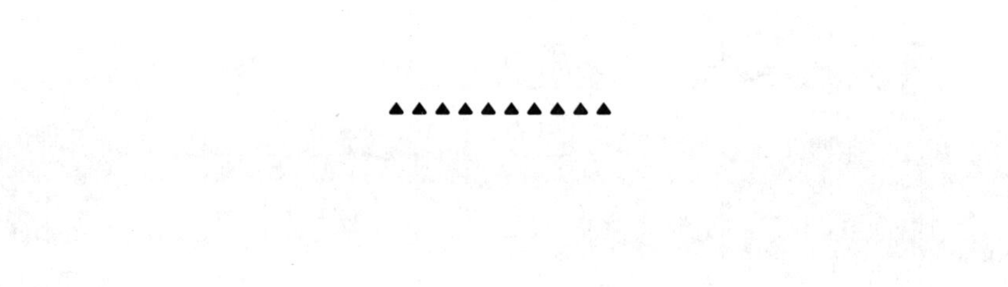

# 如何挑战“不可能”的目标

你不必非得完美，你可以只做到优秀。

——约翰·斯坦贝克

在第二章，你了解了荣耀光环宿醉，同时放弃了不再适合你的目标。从那时起，你就开始通过管理自己的思想和情绪、相信自己的直觉、建立自己的边界，重新定义成功对于你的意义。重新思考你的抱负及其在你生活中的作用，可以让你在享受内心平静的同时，能够尊重并运用自己的内驱力。因为如果你对自己的抱负毫无掌控力，它最终会离你而去。而如果你根据自己的抱负来一步步制定目标，且将自己的需求和意愿也纳入目标中，你就可以慢慢实现自己心中的伟大理想。

完成了第八章的任务后，你已经学会了如何选择那些令你感兴趣、让你兴奋的目标，还学会了如何运用自己的核心价值。现在，你有机会建立一个新的目标框架——一个你能够实现的目标，而实现它既不会违背你的本性，也不会令你重新陷入之前已改掉的坏习惯中。

在第一章里，我们认识了凯莉，一位主管项目、运营和行政的副总裁。在她休完病假回到工作岗位一年后，她开始设定新的目标，希望可以开启职业生涯的新阶段。她和同事们招募了更多的员工来减轻工作量，并且建立了更有效的流程来避免不堪重负的过度工作。通过我们的共同努力，凯莉学会了对自己的勤奋和敏感特质善加利用，并且开始理解利用核心价值来指导行动的重要性。她将自己的核心价值定义为活力、平衡、慷慨、结构清晰和贡献。这个过程帮助凯莉学会了把时间和精力集中在对她而言最重要的事情上，帮助她将自己从那些令人精疲力竭的、取悦别人的琐事中解脱出来，恢复到相对稳定的心态。在一起努力了一年多之后，我们的谈话主题已经转向她职业生涯的下一步，因为她已经成了公司级别较高的管理者之一，猎头也已经开始联系她。现在，她真正开始积极地考虑自己的未来！

凯莉了解到分公司的执行董事将在未来3~5年内退休，于是她决定要成为下一任执行董事。她知道，进入董事会将提升她的职业声誉、公众形象和影响力。知名度和可信度的提高有助于凯莉登上分公司的最高职位，并给她带来丰富的经验，有利于她有朝一日创办自己的非营利组织——一个为无力支付大学学费的青少年提供职业培训的机构，这是她的一个远大目标，希望在退休后实现。这些目标都让凯莉感到兴奋，也正好符合凯莉的核心价值——贡献，可以让她运用自己的技能去回馈社会。为了获得进入董事会的机会，凯莉需要通过参加社会活动来建立自己的关系网，尤其要更积极地参加所在地区的女性领导力活动。

在一次辅导之后，凯莉决定立即开始行动，她的第一反应是——她应该每周参加一次此类活动。她以为在每周日程里增加一件事会很轻松。然而，当月底再次会面时，她已经意识到了居然如此艰难。她每天需要在公司工作 8 个小时，同时监管一个关乎 800 多万人口的大型项目。除此之外，她还要完成自己的减肥计划（这是她为了实现自己的核心价值“活力”而采取的一个行动），为此她要上健身课，参加减肥互助小组活动，并立下了 12 周内减掉 10 斤体重的目标。星期一和星期四上动感单车课；星期二参加互助小组会议；星期五和丈夫女儿一起吃晚饭、看电影，所以星期三是她唯一的空闲时间。女性领导力活动大多安排在晚上 6~9 点，这意味着如果这些活动安排在周三以外的时间，她只能放弃原有的安排。更重要的是，参加活动会导致就寝时间比平时晚很多，第二天醒来时头昏眼花；同时，参加活动时，面对丰盛的晚餐和饮料她需要努力克制自己，一个月后，辛苦维持的体重不再平稳下降；丈夫担心她会再次因压力过大而引发健康问题，就像当初她因身体抱恙离开岗位时那样。凯莉不仅没做到每周参加一次社会活动，就连其他安排也乱成一锅粥，她对自己感到失望。我们再次碰面时，凯莉说的第一句话就是：她犯了一个错误，她比以往任何时候都更清楚围绕着她的核心价值——活力和平衡——来构建自己的生活是多么重要。她不想再重蹈覆辙，她想让自己走向成功，而不是失败。

## 停止“移动球门柱”

谈到设定目标，许多优异高敏者会陷入“移动球门柱”的惯性。要理解这个概念，请先想象你身处一个足球场，决定先试着从40米外射门，当你踢不进去的时候，才会准许自己前进到30或20米的地方再次射门。你在一开始总是给自己选择更加困难的取胜方式，因此在接下来的求胜过程中疲惫不堪，这就是“移动球门柱”的含义。你会发现自己在设定目标时也是这么做的：在你设定一个目标之前，你已经自动提高了标准。事实上，这样做不仅令你达不到目标，而且还会让你的神经系统承受更大的负荷。标准越高，你被压垮的概率就越大。

设定目标以实现你的抱负，指的是设定一些小的目标，有计划、一步步地朝着这些目标努力，这样你就可以保存能量，在未来走得更远，发展的可持续性也就越强。事实上，追求任何目标都会经历从开始、停止到挫折的过程，你需要培养自信，跨越这个过程中的诸多障碍。而最佳解决方案就是要获得不同程度的成就感，因此，我们将一个大目标拆分成不同层次的小目标来实现。让我再次说明一下：并不是让你满足于小目标或者不思进取。相反，我希望你可以把目标拆分成不同层次、阶段性的目标，这样就可以获得更多的成就感，避免一事无成的挫败感。

这会令你受益颇多：

- **你会获得一个接一个的胜利。**你的最终目标可能是复杂、多层次的，需要漫长的时间才能达成。在实现目标的路上，如果可以不断得到积极的反馈则会激发你的动力，即使前路再艰难，你也可以始终保持着高昂的士气。
- **你可以专注于执行，避免过度思考。**选择一开始不去设定巨大且难以实现的目标，而是按部就班、徐徐图之。当你在实现目标的路上遇到一个个的小关卡并一一攻克时，有助于你始终保持积极性并相信自己。
- **你必须去定义什么是“正好”和“过度”。**先设定一个承诺目标，意味着你给自己定下了一个实现目标的最低限度。另一方面，你也正好克服“越多越好”的心态。这样你就可以理智地选择在自己能量水平限度内工作，充分运用自己的敏感性，使之成为助力。

- **内驱力可以获得引导，你可以轻松地把握自己的目标。**过度执着于宏观的目标会导致痛苦，而拆分目标有助于实现抱负，因此，你会选择以更有趣、更轻松的方式实现目标。记住，你是与自己竞争，而不是与别人竞争。

分层目标的最大益处就是行之有效。斯坦福大学行为设计实验室主任福格的研究证明：一个小小的步骤可以推动你进步，为更大的胜利打下基础。福格提倡“微小的习惯”，或者说“向你的目标迈出一小步——只是一小步，小到自己都觉得不值一提”。你的目标是使用牙线？那么就从一颗牙开始；需要一份新工作吗？从发送一份求职简历开始；想要开始冥想吗？那就从深吸一口气开始。

我的大多数学员都成就斐然，因此对这种方法颇有些不以为然，但很快他们就发现这项研究所言不虚：高达 91% 的人认为，小习惯明显增强了他们的自信。更妙的是，这会产生滚雪球效应——65% 的人表示，仅仅用一周，微小的习惯就会激起涟漪，给他们的生活带来积极的改变。这是因为，你从控制小习惯中获得了信心，从而更有动力和精力去实现更大的目标。微小的习惯之所以有效，是因为它们应用了心理学家所说的“目标梯度”方法，即你的自信被提升或是被击垮取决于你取得进步的能力，换句话说，进步的感觉会推动你更快地向目标前进。

## 成为自己的头号粉丝

实现目标是伟大的，但如果成功之后马上转头去做下一件事，而不停下来庆祝，你将永远不会从中获得信心。从心理学角度讲，庆祝成功意义重大。庆祝的时候，你的身体会释放内啡肽，会加强你的自信。不要等别人认可你，也不要等待最后的成功到来才去庆祝。

**1. 创建一个自我鼓励文件袋。**把你在工作中的成功记录下来（使用 Word 或者 Google 文档、印象笔记、Email 文件夹都可以），这样你就可以带着一种健康的自豪感回顾过去。自我鼓励文件袋可以帮助你更好地了解自己的技能、你最喜欢做什么类型的工作，甚至可以作为业绩评估或者求职材料。我的一个客户用一个漂亮的手账本作为自我鼓励文件袋，并且会用金色星星贴纸来表示自己的各个成就。

**2. 回顾自己的“高 / 低 / 英雄”时刻。**众所周知，怀有感恩的心有很多好处：改善健康、提升睡眠质量、令人心情愉快，但要想真正感恩，你需要坦然地接受起起落落。我的学员喜欢的一个练习叫作“高 / 低 / 英雄”：

你一天中的高光时刻是何时？

那天的低谷是什么时候？

你今天为什么感到骄傲自豪？

今天谁是你心目中的英雄？

我的一个学员在转行不久后就开始将“高 / 低 / 英雄”练习付诸实践。她之前总觉得很不自在，觉得自己毫无能力。但是在坚持每天晚上和伴侣一起进行“高 / 低 / 英雄”练习后，她有了这样的想法：虽然她的成长伴随着很多烦恼，但她毕竟在实施阶段性计划方面取得了很大的进展。

**3. 与他人分享。**与他人分享自己的成功会增强自己的社会联系，也会鼓舞自己的士气，不要低估这样做的好处。也可以将自己的成果在社交媒体上分享，吸引更多同频的优异高敏者互相交流和成长。

## 策略：小目标有大能量

在设定目标时给自己留一些回旋余地，这听起来可能有悖常理，但是做大事首先要从小事做起。我建议学员们设计一个分层次的目标系统来追求他们的最终目标，这个系统要遵循 3C 框架。

**在基础层面，我们先设定一个承诺目标**（Commit Goal），**它实现起来比较容易。**承诺目标指的是那种你知道自己能够完成的目标，这个目标可以防止你过度思考，敦促你专注于采取有效的行动。例如，我的一位学员领导着一个 15 人的团队，每天要应付接连不断的会议，根本没有时间专注于本职工作，但是她想在日程表里安排一段个人工作时间。起初，像大多数优异高敏者一样，她也喜欢"移动球门柱"，她决定每天保持两个小时的个人工作时间。可是，想从如此繁忙的日程中抽出两个小时显然是不现实的。果然，她最终没能执行这个计划，她感觉自己很糟糕。我们一起重新讨论了她的日程和目标设定，这一次她将承诺目标改成了只在星期一和星期五安排一个小时的个人工作时间。

在第二层，**我们设定一个挑战目标**（Challenge Goal）。挑战目标会在一定程度上挑战你的能力，但又不至于困难到令你崩溃。我们一起协商将挑战目标设置为每个工作日抽出一个小时专心工作。考虑到现实处境，这个目标既不会迫使她做出艰难的改变，又在她能够完成的范围之内。挑战目标的设定，一方面令她在大方向上朝着目标前进，另一方面，如果她偶尔没能达到要求，也不会觉得自己是个彻底的失败者。

**最后，还需要设定一个突破目标**（Crush Goal）。当太阳、月亮和星星都排成一线时（开玩笑的），你的终极的、最有野心的目标——突破目标，就会实现。我们将突破目标设置为——可以持续每天都拿出两个小时专注于自己的工作。这个目标并非总能达成，一旦达成，她会感到无比自豪和喜悦，也会极大地鼓励她继续努力下去。

你不会且不可能每天都达到自己的突破目标，但是你可以持续地达到你的承诺目标或挑战目标。完成最终的英雄壮举会带来很大压力，让我们从减轻这种压力开始，首先专注于持续实现承诺目标。

## 遇到了阻力？

**1. 确保目标在你的控制范围之内。**你一定有自己可以时常影响和控制的一个范围，你的 3C 目标应该建立在这个范围内。例如，获得晋升可以被拆分为你和老板的一系列对话；获得 10 个新客户可以先从一个用来推广业务的网络媒体策略入手。

**2. 把目标变成问题。**如果你无法将目标拆分成更小的、可行的步骤，首先试着将目标重新定义为一个问题，你将创建一个可以实现它的步骤列表，将它纳入 3C 框架中。研究表明，这一方法可以提高 27% ~ 28% 的目标达成率。

**3. 双倍延长时间。**当你有一个不容易拆分的目标时，这个办法尤其有效。给自己一年的时间达到升职的目标，而不是六个月。用一个季度的时间创建你的网站，而不是强迫自己在一个周末内完成。是的，这样达到目标肯定会需要更长的时间，但是目标达成的可能性也会大幅提升。同时，在实现目标的过程中，如果你可以始终保持积极、良好的心态，那么最终结果会向你证明你所付出的额外的时间是值得的。

**4. 记住，达成目标的过程不会是一条坦途。**在第十三章，你会学到更多应对挫折的技巧，但是现在，你要意识到自己将面临一段艰难的时期。所以现在开始调动蕴藏在内在的驱动力和能量吧。

**5. 决定什么时候放弃。**多次获得《纽约时报》畅销书作者称号的蒂姆·费里斯建议我们问自己：“当决定退出的时候，我能提前预知自己距离成功还有多远吗？在什么时候，追求目标的负面作用和损失成本会最终超过达成目标的收益？我们应该果断放弃止损的时刻是何时？如果你不这样思考，你就很容易陷入坚持一个不再值得追求的目标的误区。”

## 凯莉的行动策略

在我和凯莉分享了3C框架之后，她开始明白她最初的目标——每周参加一次社交活动——是如何把她引入歧途的。当她陷入追求目标的倦怠时，分层目标的策略对她很有帮助。而且，在战略性调整公司的首要任务，以及招募重要雇员方面，她都成功地应用了这个策略。现在，她决定应用同样的方法来实现自己获得董事会席位的雄心壮志。

我让凯莉问自己："我如何才能实现我的目标，以契合我的核心价值（平衡、活力、慷慨、结构清晰和贡献）的方式得到董事会席位？"她意识到，她需要明智地规划时间，只参加那些最有可能为她扩展人脉、增强联系的活动，并将她的工作量减少一半以保证每月参加两次活动。她还意识到，在活动上发言，可以使她做出更突出的贡献。她最后的收获是，在实现自身成长的过程中，她也希望通过提高自身影响力和推广更多优秀女性的思想，对周围的人产生影响。她的3C目标是：

- 承诺目标：每月参加一次活动
- 挑战目标：每月参加两次活动，并在其中一次活动中发言
- 突破目标：组织并主持一个行业专家小组

这个分层目标正符合她有计划、有组织的做事风格，使她能够马上采取一些富有成效的行动：首先列出一个她希望加入的组织名单，获取活动组织者的联系方式，之后撰写一封电子邮件自荐成为发言人。但这次，她并没有过度强调效率，而是以一种更加明智、更富有策略的方式按部就班地追求自己的目标，这样她就不会失去自己稳定且良好的心态。

练习

## 承诺目标、挑战目标、突破目标

现在你已经设定了界限，探索了核心价值，这个练习将帮助你使用 3C 框架，积极地选择对你有意义的新目标。

说明

1. **选择一个职业目标。**确保这个目标与你的核心价值观契合，且没有受到荣耀光环宿醉的影响。

2. **使用 3C 目标框架创建子目标。**根据你想要达到的最终目标，积极地制定 3C 子目标。

- 承诺目标：虽小，但也是一种成功
- 挑战目标：会挑战你的能力
- 突破目标：放飞你的梦想

3. **决定自己必须采取何种行动来实现承诺目标，持续这种行动至少 1 ~ 3 个星期。**实现承诺目标，总结行动中有效且值得推广的部分，继续这种做法。

4. **记录自己的进步。**尝试找到合适的方法和频率来记录自己的进步，不必过分执着于衡量标准。下面是一些我喜欢的方法。

- 每周或每月总结。每周六早上，我都会完成一份“CEO 报告”，总结工作中的一些量化业绩（收入、电子邮件订阅数量等），以及一些非量化的业绩，比如我的感受、经验教训和即将开始的项目。
- 宋飞的方法。喜剧演员杰瑞·宋飞曾经建议一位年轻的喜剧演员准备一个大号日历，如果当天写出了搞笑段子就在日历的这一天上画个大“X”。宋飞说：“几天之后，你就会有连起来的好多个 X……尤其是当坚持几个星期的时候，你会爱上这条 X 链。你唯一的任务就是不要令它断开。”视觉效果提供了一个可以看到自己进步的直观方式，激励你坚持到底。如果你喜欢更现代的方式，也可以挑选一些自己喜欢的线上软件来记录。
- 回形针策略。另一个可视化的目标记录工具是，每天、每周或每个月开始时，在准备好的罐子里放一堆回形针（弹珠或硬币也可以），每次你采取与目标相关的行动时，取出一个回形针放到另一个罐子里。

# 承诺目标、挑战目标、突破目标

凯莉

<table>
<tr><th colspan="6">我的抱负是</th></tr>
<tr><td colspan="6">成为公司下一任执行董事，退休之前创建一个非营利组织</td></tr>
<tr><th colspan="2">承诺目标</th><th colspan="2">挑战目标</th><th colspan="2">突破目标</th></tr>
<tr><td colspan="2">每月参加一次社交活动</td><td colspan="2">每月参加两次活动，并在其中一次活动中发言</td><td colspan="2">组织并主持一个行业专家小组</td></tr>
<tr><th colspan="3">我需要采取的行动</th><th colspan="3">我怎样记录自己的进步</th></tr>
<tr><td colspan="3">参加活动时与丈夫协商照顾孩子事宜</td><td colspan="3" rowspan="5">在计划本上记录要参加的活动、要联系的人，以及后续要继续保持联系的人</td></tr>
<tr><td colspan="3">转到其他训练班完成动感单车课</td></tr>
<tr><td colspan="3">列出想要参加的活动清单</td></tr>
<tr><td colspan="3">联系组织者争取发言的机会或者争取成为组织小组成员</td></tr>
<tr><td colspan="3">撰写邮件，自荐成为发言人</td></tr>
</table>

# 承诺目标、挑战目标、突破目标

| 我的抱负是 | | |
|---|---|---|
| | | |
| 承诺目标 | 挑战目标 | 突破目标 |
| | | |

| 我需要采取的行动 | 我怎样记录自己的进步 |
|---|---|
| | |
| | |
| | |
| | |
| | |

# 如何做出正确的选择

规划职业和生活……需要具备一种能力
——做出正确的选择并自信地接受这些选择的能力。
就是说，你要接受自己做出的选择，而不是怀疑自己。
——比尔·博内特和戴夫·伊万斯

**在第二章中，艾丽西娅试着重新求职时给自己放了八周假——**从荣耀光环宿醉中解脱出来，重建那些令她自我感觉良好的、一度已经失去的习惯——现在她再次感觉到了自己的存在。尽管经济不景气，但她的崩溃感已经缓解，她对自己的未来持乐观态度。她已经可以重新考虑自己的职业目标，以及实现这一目标需要采取的步骤。

在休假的时候，艾丽西娅发现自己怀孕了。于是她更加积极地求职，希望可以在孩子出生之前迅速找到一份新工作。在考虑自己未来的职业规划时，艾丽西娅牢记着辅导时她曾定义过的核心价值——可靠、真实和联系。很明显，目前的工作不符合她的需求。如果要试图让生活与她的核心价值，特别是“真实”这一价值保持一致，她需要重新定位未来工作的权利和责任，或者换一家公司。她在杂志社的薪资主要基于业绩提成，这与她的核心价值“可靠”背道而驰。事实上，她之前每个季度的收入差异都很大，她为此感到不安、情绪失调。

由于经济衰退，艾丽西娅明白更换一份满意的工作是不太容易的。她的直属上司已经准备提前退休，现在她直接向市场营销高级副总裁汇报工作，而这位副总裁经常提醒她和团队，在现在的经济情况下还能保住工作何其幸运。更糟糕的是，同事们一直都在搞小团体，现在愈演愈烈。他们最近召开了几次临时会议，但都“忘了”告诉她，还做出了一系列秘密决定，艾丽西娅是在事后才知道的。她一直注重与家人的联系，但在办公室里被孤立让她意识到，“联系”这一核心价值对她生活的方方面面都至关重要。

在探索职业的更多可能时，艾丽西娅决定依靠自己的直觉。直觉告诉她，尽管经济形势不明朗，但她仍然需要找到一份新工作。问题是尽管艾丽西娅很清楚她不想要什么，但她仍然不清楚前进的方向。在职业生涯的大部分时间里，无论公司是什么样子，无论她与同事相处得有多好，她都感觉自己是一个局外人。作为一个优异高敏者，尽管她对这个身份和特质有了更多了解，但当她陷入从前的心理习惯时，她还是会有先去改变自己的冲动，而不是考虑创造一个可以让自己更好地成长的工作环境。找到一个更符合自己个性的岗位，这个想法令她感觉自己有点任性，可单是想象自己能处于一个不同的职场环境就足够令她充满希望。她想要去创造一个环境，将自己的干劲和决心更好地应用于工作中，想到这样的未来，她就充满热情。可是，当她为自己的职业道路寻找新的方向时，她不知道怎样将自己作为优异高敏者的核心特质考虑进去。

你可能不清楚自己要去哪里，或者像艾丽西娅一样，对如何在职业生涯中找到满足感有点不确定。但无论怎样，你都应该准备好根据你的个性和特点来调整工作。也许你对自己的工作感到满意，只是想长远考虑下一步要做什么，以及如何实现目标；也许你觉得自己可以更快乐，需要一些帮助来确定你可以做出哪些改变，以打造更令人满意的职业生涯；或者，你想改变一切，重新开始。无论处于何种情况，你都需要积攒足够的勇气、有意识地寻找或创造条件，让自己可以产生比想象中更大的影响力、获取更多的满足感。

## 寻找可以激励自己努力的条件

当你的任务、所处的环境以及你在工作中付出与得到的价值三者同步时，你就在自己的个性和职业之间找到了一个很好的契合点。虽然许多人希望找到条件优渥的工作，但对于优异高敏者而言，这种契合意义更加重大，他们希望自己在职业和个人方面都能有所成长。回想一下，我在第一章里曾写道：你的敏感性意味着，无论是好是坏，你对生活和工作的环境都很敏感，也更容易受其影响。心理学家伊莱恩·阿伦和同事进行的一项研究表明："敏感的人……在一个良好的、积极的环境中，往往会表现得优于其他人。他们不仅不那么沮丧、害羞、焦虑，而且会更容易产生积极的情绪。"这意味着，即便你可能觉得自己对于个性与工作的契合度要求太高，但如果你想让自己的核心特质保持平衡并产生积极作用，这种契合实际上是必不可少的。还有其他研究支持了伊莱恩·阿伦的理论，即个性与工作的契合度至关重要。

研究表明，当你的职业与个人身份（个性）一致时，你会觉得工作更有意义。当工作符合你的价值观，给你带来自尊时，这种感觉会达到顶点。

让工作契合你的个性，不仅能让你更适应工作中不断变化的需求，还能将自己的个性转化为更好的工作表现。较高的个性－工作契合度也与工作中更多的参与度、精力、热情和创新息息相关。

采取积极主动的方式在自己的职位和需求之间找到契合点的人，更有可能主动收集对自己表现的反馈、积极谈判以获得更好的任务，以及持续地发现更多的职业机会，使自己能够长期发挥优势。

如果你对以上观点持怀疑态度，跳出个人的角度想想这一切。一个高效能的团队需要有各种性格的成员，所以当优异高敏者找到可以做自己的职位和公司时，所有人都是赢家。虽然并不是每家公司或经理都想要这种多样化的员工队伍，但现在，超过 87% 的企业将包容作为首要原则，因为包容文化会带来更好的业绩、更快的决策速度和更高质量的工作。越来越多的公司愿意聘用多样化的领导者或思维不同寻常的员工，这对于优异高敏者们是一个巨大的机会。所以请记住，你的天赋——同情心、大局观和忠诚度，会给你带来竞争优势。此外，当今社会的工作文化已经越来越被各行其是和无视规则的行为所侵蚀，因此，对于优异高敏者的需求正空前高涨。

没有任何技能可以取代你的创造力、同理心和卓越的感受力。心理学家丹尼尔 · 平克倡导“高认知、高感受”，在这样的时代背景下，你的聪明、认真和善良将会成为无与伦比的能力组合，如果可以将这个能力组合充分运用，你必将成为一块发光的璞玉，展现罕见的价值。不要浪费你的天赋，因为这个世界比以往任何时候都更需要你。

## 在“毒性”的工作环境中保持镇静

不友善的工作环境，是不可能产生效率和成就感的。即使你在家工作，工作环境散发出的“毒性”也可以超越物理屏障，影响你的表现。“有毒”的工作环境包括：各种“狗血”事件、基本流程的缺失、沟通不畅……这些最终都会影响你的个人生活、健康、自尊等。但是，你也许做不到立即抽身，所以在你制定退出策略时，有以下几条建议可以参考。

| 不要做 | 要做 |
| --- | --- |
| **让负面情绪占上风**<br>不要向伴侣或者朋友抱怨。总是抱怨会让你陷入一种悲观的心态，使你越发想不到解决方案。 | **将工作环境当成实验室**<br>为未来的工作机会积累技能和能力。如果你不能从周围学到工作中需要的技能，可以参加免费的在线培训。 |
| **参与同事间的“狗血”事件**<br>换一个工位办公，远离那些充满破坏性、惹是生非的同事。争取有同情心的盟友站在自己这一边，他们可以告诉你一些你不知道的事情。尽量不要与喜欢说闲话的人在一起打发时间。 | **寻找支持**<br>在公司内或通过外部的专业协会、同龄人社区建立朋友圈子。你需要与值得信赖的人在一起，从他们那里获得明智的建议。 |
| **打破自己的边界**<br>午休时好好休息。避免在下班后或周末回复电子邮件，一定要使用你的带薪假期。 | **创建积极的工作空间**<br>在自己工位周围布置令自己放松、愉悦的图片、名言、喜爱的颜色。 |

| 放弃为自己伸张正义的努力<br>想办法去除工作中的“有毒”元素，例如，可以通过外派、更换主管或更换团队。如果你的老板不支持你，在公司找到另一个领导盟友来支持你。 | 准备好自己的退路<br>把精力集中在下一步的发展上，找到更重要的事情做。整理好你的简历，展示更多内容来强化你的个人品牌，联系招聘人员，重新建立你的人脉关系网。备好可以支撑 3~6 个月的存款。 |
| --- | --- |
| 犹豫不决、不敢录音<br>将不恰当甚至对你进行侮辱的行为录音记录下来，这样就可以在有必要时举报。 | 尽量稳住，安抚自己<br>提醒自己目前的状况是暂时的，换种方式去思考。目前的状况也许并不是危机，反而是一种挑战和机遇。你的老板也不算令人难以忍受，他可能只是不够成熟。 |
| 失去自我意识<br>在另一个领域重新找到驾驭、动力和享受的感觉，比如发展一项业余活动或爱好。 | 记住，你的工作并不能定义你<br>重新审视你的核心价值，重新考虑你在工作之外的身份和意义。 |

## 策略：全身心投入工作

如果没有合适的条件，就算有机会，也很难实现你的核心价值和人生目标。虽然有些人可以做到在任何艰难的条件下都能取胜，但对于优异高敏者而言，最好的选择是能够从事一份充分发挥自己的主动性和干劲、适合自己个性的工作。在本章末尾的练习中，你将有机会评估目前的职位，但是，在判断与它是否真正契合之前，你需要使用优异高敏者的“职业需求层次”来定义和优先对你来说重要的事情。

如果可以从生存和发展的角度来看待当前的职位和未来潜在的职位，你和公司都可以获得新的认识，突破发展的局限，在之后的职业生涯的任何阶段都会更有效率、更满意、更有影响力。

## 职业需求层次金字塔（优异高敏者）

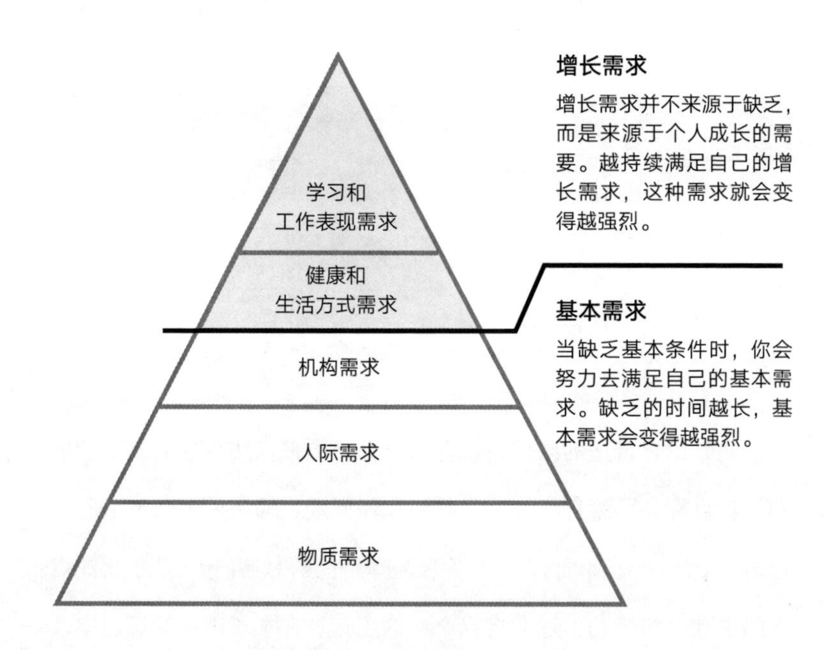

## 基本需求

马斯洛的需求层次理论阐明：只有在满足某些基本需求的情况下，个人才能成长并充分发挥其潜力。同样的想法也适用于工作环境的基本需求与增长需求。先看一下基本需求。

### 物质需求

物质需求构成了金字塔的基础，涵盖了实际工作空间的方方面面——无论你是居家办公还是在办公室里工作。将激励元素调整到最佳水平可以平衡你的敏感度，使你感觉稳定、平静，同时创造出一种氛围让你集中精力、最大限度地发挥你深思熟虑、足智多谋的特质。

**需要考虑的问题**

- 你喜欢自己的工作空间安静或私密到何种程度？
- 对于在充满能量的工作环境中工作，你感到兴奋还是反感？
- 从颜色、背景音到灯光，什么样的工作氛围能让你获得较高的投入和参与度？

### 人际需求

金字塔的这个部分涵盖了工作中的所有人际方面的因素，从你与同事互动的频率到你对工作环境的信任感和归属感。虽然优异高敏者的一些特质与内向的性格特点有重叠之处，但请记住，30%的敏感者是外向的，所以在喜欢独自工作的同时，你可能也喜欢团队合作或管理工作。利用你情感化的特质来考虑职场关系会带给你快乐和深深的满足感。

**需要考虑的问题**

- 你理想中与同事互动的频率是怎样的？
- 你愿意在开会或与他人合作上花多少时间，这些事情会让你感到兴奋吗？
- 你需要从职场人际关系中获得什么，才能觉得自己被接纳、有归属感？

### 机构需求

金字塔的第三层（基本需求的最后一层）要求评估你想要为之工作的机构类型。机构需求不仅包括一家公司的运作方式，如规模、文化和领导风格，还包括企业声誉、行业地位以及使命感（这家公司会给世界带来什么）。

**需要考虑的问题**

- 什么样的领导者会激励你，价值观一致这件事对你来说至关重要吗？

- 每个公司都有自己的使命，你觉得认同公司使命这件事有多重要？
- 哪种公司文化可以令你迅速成长、发展？例如，在有些公司文化中，公司决策来源于大家的共识，而在另一些文化中，公司决策都是按等级制度来决定的。

## 增长需求

增长需求源于个体想要进步的愿望，一旦基本需求得到满足，就会开始考虑增长需求。

### 健康和生活方式需求

你不会想要回到荣耀光环宿醉的状态，所以一定要考虑自己的工作－生活平衡——你的工作应该能够促进身心健康。关键是，你要认真考察和调整那些可以影响你的能量和健康的因素和条件。

#### 需要考虑的问题

- 你需要对自己一天的日程安排享有很大的自主权吗？你需要以怎样的频率休息？
- 你理想的上班和下班时间各是什么时候？

- 你在工作中的灵活性必须达到何种程度？

**学习和工作表现需求**

金字塔顶端的是你想要在工作中发挥的职责、技能和特长。这个部分没有最佳标准，因为每个人的标准都是不同的。对于有些人而言，能够从事他们热爱的工作就可以得到满足，而另一些人则关心是否能够赚到足够的钱满足工作之外的追求。请审视自己的内驱力，反思自己渴望在未来以何种方式完成自我发展。

**需要考虑的问题**

- 你认为自己的独特天赋和特长分别是什么？
- 履行现在的工作职责会令你精力充沛还是精疲力竭，到何种程度？
- 你比较在意自己的哪些兴趣或技能可以得到提升，或者以不同的方式得以应用？
- 了解想要什么和需要什么，为你如何生活和工作提供了许多可能性。你并不需要总是必须做出彻底的转变，比如辞职（无论如何，对于大多数优异高敏者而言，一次性的彻底改变可能会令人不堪重负）。但是，定义你的基本需求和理想条件可以帮助你做出一些小的调整，提升你的“个性 - 工作契合度”，让你更接近自己的梦想。

## 遇到了阻力？

**1. 回顾过去。**回顾你曾经担任的五六个职位（包括临时项目或志愿者活动中的职位），以及你为何喜欢这些职位——真正让你兴奋的点是什么？有哪些优点可以继续发挥？回想一下，在曾经的平衡轮练习中，你达到过 8 分及以上（满分 10 分）的水平时，你记录的是什么职位？这个职位要履行哪些职责？另一方面，想想你永远都不想再接触的工作职位又是哪些？

**2. 优先自己的一些需求，避免停滞不前。**你可能会发现你的某些需求相互冲突。这很正常，克制一下自己想要一蹴而就的冲动。*Body of Work : Finding the Thread That Ties Your Story Together*（此书无中文版，意思是，工作主体：寻找将你的故事捆绑在一起的线索）一书中写道："如果有些需求互相冲突，那么你需要考虑自己目前更想让哪个需求优先？你愿意做出哪些牺牲来实现优先需求？"

**3. 定制职位。**你还可以再积极一点，主动定制自己的职位，以获取更多的成就感。如果你的工作重点是行政，但你喜欢做培训，你就可以重新设计你的职责，包括创建其他团队可以使用的培训教程。我的一位学员与经理沟通，希望通过参与轮岗来重塑自己的工作职责，这样做令她能够学习到新技能，同时也能加深与公司不同部门人员之间的联系。

## 艾丽西娅的行动策略

上周末，艾丽西娅参加了她最喜欢的徒步营地，在徒步时她可以清空大脑，思考对于下一个职位的理想需求和期望。原本，她对下一步的规划还是继续做广告。但是，在林间小路上轻快地行走时，她渐渐觉得自己可以打开思路，接受不同的机会。她把这一心理转折时刻视为打开一扇新的大门，但她也深知，如果希望找到一个能让自己成长的职位，她必须比之前更具战略眼光、目标更明确。当晚回到家后，艾丽西娅在日记上写下了她的核心价值：可靠、真实和联系。以这些核心价值为基础，根据优异高敏者的职业需求层次，她开始设想自己的下一个职位。

从基本需求出发，艾丽西娅首先思考的是自己理想中的工作环境。艾丽西娅一天中的大部分时间都花在打电话和客户交流上面，她更喜欢安静的办公环境。虽然许多同事因为要照顾孩子，比较推崇居家工作的方式，但艾丽西娅喜欢更有条理的工作氛围，对她而言，在办公室里工作可以拥有一些边界感，或者也可以在家里设立一个安静、专门的区域。她把这些想法都写在了金字塔量表的物质需求一栏。

想到人际需求时，艾丽西娅意识到自己的情绪很低落。她不需要和同事成为最好的朋友，但她仍需要正常的工作联系和归属感，她希望下一个工作环境是个可以令她在心理上觉得安全的空间，在那里大家可以畅所欲言，所有想法和意见都可以被听到。这一点尤其重要，因为她喜欢成为集体大家庭中的一员，喜欢在定期且高效的会议上向同事们学习。

最后，艾丽西娅考虑了她的机构需求。毫无疑问，艾丽西娅正在寻找一个能为她提供完整产假和现场日托的公司。她还希望未来的领导可以在工作上激励她，而不是不断胁迫她和同事们。在未来一段时间内，经济危机肯定会继续影响人们的生活，但她仍希望未来的工作机构既可以提供给她一个平静、安稳的工作环境（心理上），又可以提供给她一份不以佣金为主的、稳定的工资。

当谈到增长需求时，艾丽西娅试图预测未来作为单亲妈妈的生活。尽管她不能确切地说出自己需要什么，但她深知未来一段时间内，灵活性将成为她的工作必不可少的元素。当设想自己的理想职位时，她觉得自己需要能够允许并接受员工可能需要照顾新生儿或生病的亲人，或者可能想要休假的职位。她希望自己能够诚实地面对生活，而不是编造或隐瞒自己偶尔需要休息一天来照顾孩子或放松自己的事实。

最后，关于学习和工作表现需要，艾丽西娅闭上了眼睛，允许自己继续构想。她首先想的是在曾经担任过的职位中，她更喜欢做什么，什么会激励她或是困扰她。之前在一家广告公司任职时，她有机会与数字和社交团队一起合作。在那之后，她转行从事销售工作，因为销售工作更重要，竞争也更加激烈。但现在回想起来，艾丽西娅意识到，比起花大把的时间争取新客户，她更愿意参与更多交叉协作的项目。艾丽西娅回想大约一年前，她在陶艺工作室组织过一项活动，发动学员们累计课程积分以换取免费注册新课程的机会。尽管她没有从事过积分换购的相关工作，这与她更长远的职业规划也没有联系，但她敏锐地察觉到了自己的特长——无论是与数字和社交团队打交道，还是在陶艺工作室的活动，这两个项目都需要她制订营销计划、创意设计，以及与供应商协调——在此过程中她的艺术品位和责任感发挥得淋漓尽致。

通过这个分析过程，艾丽西娅带着更清晰的目标重新审视自己的求职。她对自己的未来有一个假设：在一家企业文化兼具灵活性和包容性的公司里，从事一个以营销为导向的职位，可能会让她更有成就感。她并不想得到具体答案，因此她没有陷入完美主义，没有试图一下子弄清楚所有细节。相反，她愿意接受各种可能性，随着不断面试和在网络上收集更多的信息，她的求职策略不断改变。在接下来的两周里，她还请朋友给自己介绍一些从销售岗转到其他岗位的人，了解他们的经历。所有这些都证实了市场营销对她而言是一条很好的职业道路。于是她全力以赴地投入到求职过程中，发动人脉、校友会和陶艺工作室的朋友帮忙。不到一个月，艾丽西娅就开始面试新的职位（提供全职产假和现场日托的职位——这两项条件没有商量的余地），并在怀孕三个月时顺利找到了一份工作。

## 当你想要改变一切的时候……

读了以上内容，你可能会意识到是时候考虑跳槽或换行业了。在这一过程中，只要你可以分步骤推进自己的计划，保持情绪稳定，你就能够成功地完成转变。

**1. 确定你的边界。**确定让职业可持续发展和获得成就感所必需的标准，例如不可或缺的条件和锦上添花的条件。别想太多，聚焦已知和未知信息。即使不能了解全部的需求细节，明晰自己的基本需求也是很有必要的。你可以继续完善你的需求，与此同时，明确的标准可以令你在各种机会面前清楚自己应该接受还是拒绝。

**2. 化焦虑为能量。**很多学员开始研究转行的时候都会问一些宏观的问题，比如，这个新职位能否带给我现在的职位没有的东西？我怎么知道是否真的喜欢这份新工作？请试着把焦虑转化成你现在进行的迷你小实验的问题（可以参看第十一章的“理性冒险”部分）。列出一系列行动，你可以采取这些行动来获得你需要的信息或经验，用以证实或反驳你所做的假设。我真的会喜欢一个领导的职位吗？为了找出答案，你可以和常常给你指引和建议的朋友谈谈，也可以报名学习一门管理课程，或者主动承担一些需要应用一定领导能力，又不需要统领全局的工作。

**3. 让大家看到你的状态。**更新你的在线简历，补充你最近的工作经历、成就和新换的头像。撰写一份新的个人介绍，可以通过填写以下模板完成：我是（你的职位 / 头衔），我帮助（与你一起工作的人）了解 / 做（你帮助他们完成的事），最终获得了（转化的成果或最终结果）。更新发布更多内容（原创的或精心编辑的）来提升自己的知名度，让大家看到你的规划和干劲。

**4. 采取多元化战略。**不要仅仅依赖在线求职。联系家人、朋友和前同事，让他们知道你在寻找什么样的职位。与猎头或者求职公司的人员接洽，参加面对面的求职活动或招聘会，联系你的校友会，或直接联系你想应聘的公司的相关领导。

**5. 调整节奏。**转换行业不是一蹴而就的事，相反，这件事杂乱无章、反复无常，需要充足的时间、耐心和精力去完成。优异高敏者最善于运用计划和顺序，所以你可以为自己的求职活动制定一个合理的日程表。

**练习**

# 你的个性 - 工作契合度

既然你已经了解了优异高敏者的职业需求层次，就可以评估自己目前的职业状况与自己理想的个性 - 工作契合度之间的关系了。对于以下每个说法，在 1~10 之间选择一个数字来描述同意或不同意程度。这次测验的结果将有助于下一步的职业发展规划。

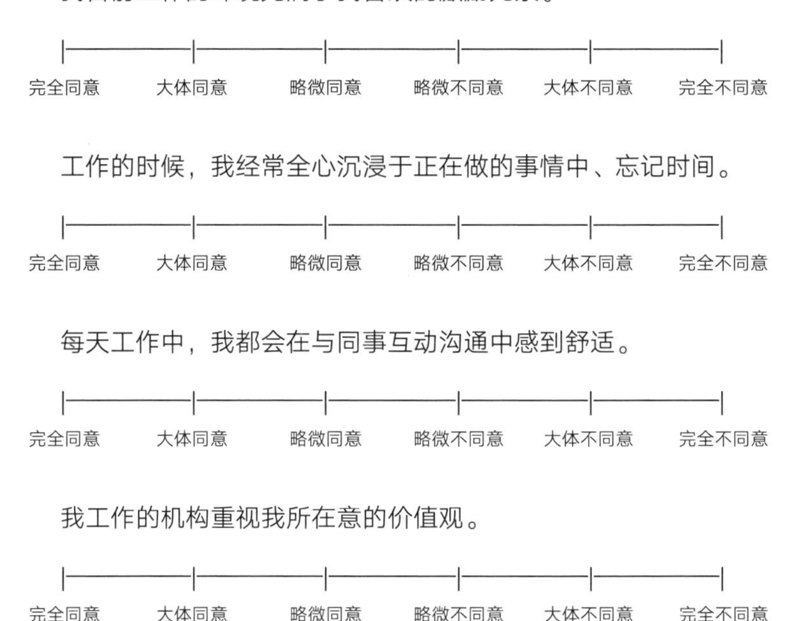

我喜欢自己工作所带来的影响（例如，我的工作可以影响或服务某些特定群体）。

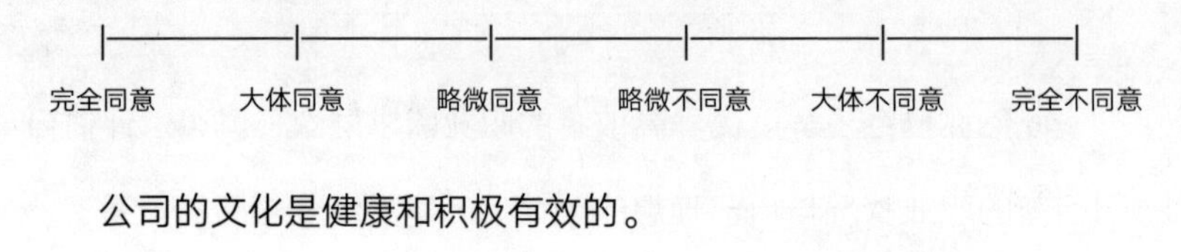


公司的文化是健康和积极有效的。

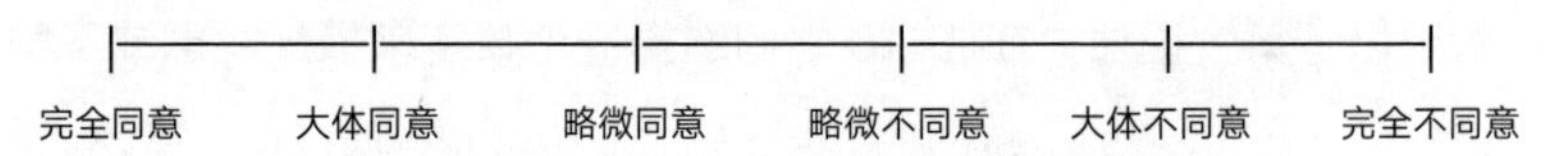


我每天进行的活动和任务让我感到充满活力且内心充实。

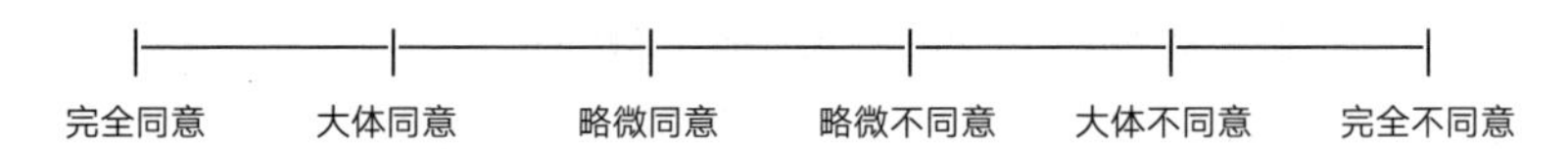


目前的职业可以充分发挥我的强项技能。

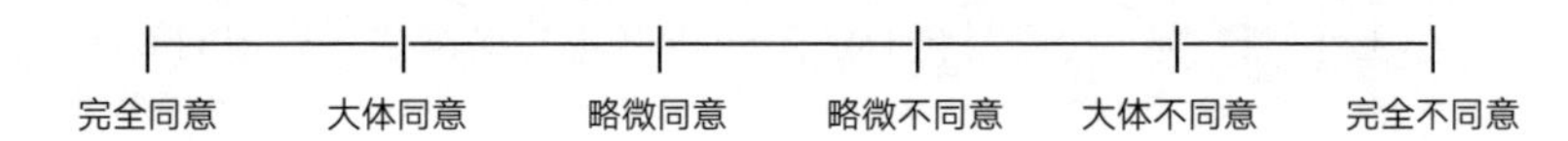


目前的职位为我提供了机会，让我可以继续学习想掌握的技能。

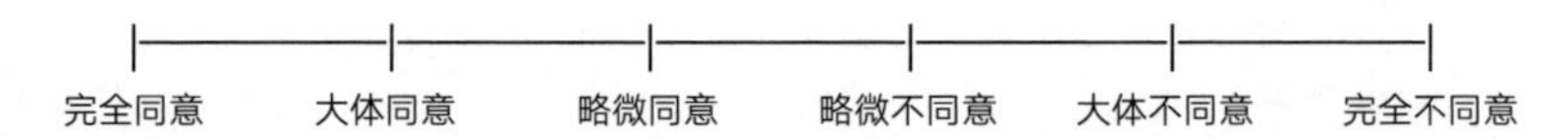


目前，我的工作和生活处在一种平衡状态，这符合我的生活需要和目标。

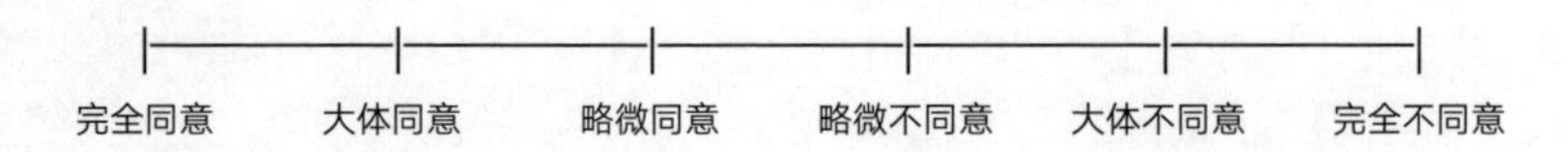

## 如果你的答案是……

**大多数都选择了不同意。**先从金字塔的底部开始，了解自己的基本需求，之后慢慢向金字塔的上部移动。总体而言，你需要一些重大的改变，所以重温一下上面的“当你想要改变一切的时候……”这一节，以获得更多的建议。

**同意和不同意参半。**你有机会优化自己的个性 - 工作契合度，从而获得更大的幸福感。从你最不同意或完全不同意的条款开始，制订行动计划来满足这些需求。重温本章“遇到了阻力”一节中关于定制职位的讲解。

**大部分都选择了同意。**恭喜你！你的工作非常契合你的个性。事实上，你喜欢自己的工作，处于一个很好的工作环境中意味着你可以专注于金字塔的顶端——你的学习和工作表现需求。不要忽视你的工作中可能会出现的各种可能性，打起精神迎接各种挑战，收获更多的意义和成就感。

# 第四部分

# 持续的<br>自我发展

# 什么是“理性冒险”

终有一天，坚守在花蕾之中的风险比开花的风险更为痛苦。

——阿娜伊斯·宁

冒险，或者在信息不完善的情况下贸然决定并采取行动，通常会收到负面的评价，因为人们倾向于认为这是鲁莽的表现。然而，风险也是成功的必要因素。想想看，一个操作自动驾驶仪 30 年的优异高敏者是不可能在职业上取得伟大成就的，更不用说获得个人的满足感了。如果你想充分发挥自己的潜力，就必须甘愿承受负面的结果——不论是损失、拒绝、评判还是失败。事实上，一项针对高级管理人员的调查发现，冒险的意愿是晋升的关键因素，尤其是在面对他们尚未准备好的机会时。

不管有没有意识到，你都已经很好地改善了你与风险的关系，从恐惧到放松。在本书的每一个章节里，你都在运用新的策略和技巧，比如不必等到万事俱备才开始、找到你的中心位置、拥抱你的整个自我等，每一章都要求你抓住机会放手一搏。现在正是你充分利用自己的成长、充满活力地迎接未来挑战的大好时机。这也是我们相约一年后再次见到杰西卡时，她对自我状态的认知。

杰西卡和她的团队完成开设五家新店的任务已经六个月了，现在她可以把注意力转向更高层次的战略了，特别是向董事会建议，如何在未来的1~3年引领公司的运营。由于设置了边界，杰西卡不会再超负荷运转，大多数时候她都可以在合理的时间下班，去陪伴家人、补救她的婚姻。不过事情尚未十全十美（杰西卡意识到这一平衡的实现并非一劳永逸），但是她告诉我，在确定和巩固边界的过程中建立起来的自信是无价的。每次她拒绝不合理的要求、为自己站起来或者要求某个团队成员提高效率时，都需要勇气来面对紧张不安。杰西卡发现，即使没有得到她所希望的结果，每一个经历过的小风险都是一个让她感觉更坚强、更自信的机会。

在总结公司的销售数据时，杰西卡发现零售业整体低迷的现状不容忽视，尽管他们的店面仍然表现良好。董事会希望她提出进一步的实体店拓展建议——这一直是公司的主营业务，也是她的专长——但她不得不承认公司的未来（或许也包括她自己的未来）取决于是否能实现收入来源的多样化。杰西卡知道如果不想被踢出局，他们必须而且要尽快跟上电商竞争对手的步伐。

你可能不会像杰西卡那样面临严峻的行业形势，也不必费心筹划未来 1~3 年的部署，但我敢打赌你与她一样，正站在急需做出抉择的十字路口，考虑要不要冒险。你也许已经有了很好的想法，想和领导分享；也许考虑去专业领域之外的项目做志愿者；也许动作更大，你想知道自己是否应该冒险换一份全新的工作、转换团队或者自主创业。冒险意味着做出决定或者去接受一个你认为正确的挑战，这样做才会让你在无论是个人成长还是收获新知上都能有所得。大多数时候，冒险会带来许多正面的影响，比如自我价值的提升、可观的收入等，而负面的影响相对较少，因为它们不会对你的健康或安全构成威胁。

把赌注压在自己身上可不是件容易的事情，不过在这一章，你将开始练习这样去做，这样你才能在机遇来临时有所准备，抓住一些新的机会，而不是过度思考或是陷入情绪旋涡。虽然你不能完全绕过伴随冒险而来的恐惧，但你可以学习如何克服它，甚至在这一过程中获得些许乐趣。

## 你比想象中更强大

长久以来，你可能一直认为冒险和敏感是不相容的。虽然你可能永远无法成为一名无所顾忌的冒险者，但你拥有独特的认知体系，这会使你成为一名理性的冒险者。你作为优异高敏者的核心特质可以帮助你冷静、慎重地应对风险，从而获得更好的结果。考虑一下：

- **运用你的直觉来辅助风险分析。**情感与逻辑推理并不是对立的，你的感受会为推理提供必要的支持。关键是要同时运用你的思想和情感，不要让任何一方占据主导地位。
- **只有在重要时刻才冒险。**遵从内驱力和责任感，去承担对你来说意义重大的风险吧。研究表明，人们接受风险是因为他们重视这项活动、认为它很重要，因为这样做大有裨益。
- **重视你的感受力。**你的敏感和警觉意味着你处理和整合的信息比一般人更多。抛开所有的疑虑，记住你的核心特质会让你在情商上占据优势，也会让你发现别人忽略的信息与关联。

我们都知道冒险是不可避免的。在我写这本书的时候，世界正处于新冠病毒（COVID-19）肆虐横行的水深火热之中，尽管它具有模糊性和不确定性，但也让优异高敏者在日常生活中有了去拥抱未知的实践机会。我的社区里有数不清的成员评论说，这段时间让他们发现原来自己竟有这么强大的能量。而我非常确定的是，目前所面临的风险正在帮助他们变得更灵活机敏、独立自主，抗压能力也更强。

不论你何时读到这本书，都要记住这一点：你也能做到同样的事，获得相似的结果。你要提醒自己：冒险也会带来不可预见的机会，或是意外的快乐。例如，几年前我参加了一个广受关注的社交活动来推广我的业务，那时我刚刚开始指导实践，所以在与知名企业家打交道的时候难免会紧张，但也正是在那次活动上，我遇到了布赖恩，后来他成了我的未婚夫。

## 策略：尝试有难度的任务

有难度的事情可能会令你害怕，因为担心失败或者顾忌人们会怎样看你。这也包括对你有益的行动，但你正在回避或者还没有留出时间去做。我的学员们实践了这一策略，他们有的以志愿者的身份参加了项目（即使不是专家），有的在会议上提出了尚不成熟的想法。你也可以在工作之余尝试一些有难度的事情，你会发现自信最终会转化为现实。因为人们在追求一些没有标准或参考框架，不知如何界定成败的事情时，通常不会把自我价值和成就关联起来。处理低风险但高难度的任务可以提高注意力和情绪恢复力，让人变得更加果断，这一点是有科学依据的，因为在没有外部激励的情况下，就必须激发出内在力量。

做一些有难度的事情，不仅可以提高达成目标的概率，还可以：

- 给你自信，让你认识到自己可以抵御恐惧的侵袭。
- 为你扭曲的认知（认定自己一定会失败）提供反面证据，告诉自己最终的结果可能没有想象的那么糟糕。
- 重置大脑的恐惧中心，即杏仁核，以降低其被触发的频率。

一旦开启了高难度任务，你的思想和身体就开始相信你可以抵御恐惧的侵袭。在感到恐惧的同时依然可以采取行动，即使最终得不到你想要的结果。每次允许自己冒险并体验不愉快的情绪时，你承受不适的能力都会得到提升，你将学会换一种方式与之相处，更平静、坦诚而不是抵抗和回避。这听起来可能有点傻，但其实是有科学依据的：身处压力环境下可以减少 90% 的恐惧和逃避。主动选择接受压力而不是任由外部世界将压力强加于你，这样既可以增强你的能力，也会帮你建立起一种信念：相信自己有能力解决未来可能出现的难题并抓住各种机遇。这样一来，在面临不可预测或高压的状况时，你早已熟练掌握了运用直觉并果断采取行动的方法。尝试有难度的任务有助于在内心深处重塑自我认知。当你不断地抓住机遇突破自我时，你将不再觉得自己脆弱，而是坚信自己具备应对这种状况的能力。你将不再理会大脑中那些悄声说“你不行”的神经网络，而是去强化那些提醒“你可以”的神经网络。

## 可以一试的挑战

本章的练习将帮助你完成一系列挑战，以下是一些帮助你踏出第一步的想法。

午餐点一道
没尝试过的新菜

为实现某个目标
早起一个小时

一整天不花钱

给你的崇拜对象
发一封电子邮件

周末来一场
对体能要求颇高的徒步旅行

报名参加一场
高难度的障碍赛

## 遇到了阻力？

**1. 利用“还没”的力量。**“还没”虽不起眼却有很强的能量，它可以帮助我们切换到成长的心态，并认识到想要熟练掌握还需要些时间。也许你“还没”吸引到理想的客户，但你可以在他们经常出现的场所推销；你可能“还没”克服在会议上表达意见的不适感，但只要有了正确的策略，你就可以达成所愿。继续挑战对你来说有难度的事情并努力学习吧。

**2. 尝试咖啡挑战。**产品营销初创公司的创始人诺亚·卡根建议你，下次去最喜欢的咖啡店时，“到柜台去点杯咖啡（或者茶饮），然后向店员要求 10% 的折扣……大多数人都会找借口，‘哦，我不怕那样做’‘哦，我不需要折扣，我有钱’。但如果你真的做到了去要求这 10% 的折扣，我保证你会对自己有新的发现。”

**3. 记住“10/10/10”规则。**当你被失败的恐惧困扰时，问问自己在 10 周后、10 个月后或 10 年后会如何看待这一冒险决定。你的答案可以帮助你正确地看待事情并鼓起勇气迈出这一步，不论结果是对还是错。

## 杰西卡的行动策略

早在制定公司的战略之前，杰西卡和我就一直在尝试有难度的挑战。起初，她有些犹豫不决，因为她总觉得冒险是非常耗费时间的，因为她总是习惯过度分析。我让她暂时放下这些最初的疑虑，专注于头脑风暴，从她完全不擅长的事情开始，当然，都是一些不会影响她职业声誉的事情。杰西卡说，她的画差到让她简直没有脸面活下去，并自嘲在一家人玩画画游戏时，从来没有人愿意和她组队。我问她有没有什么和画画相关但风险略低的项目，她颇有些激动地高声说："我的朋友们一直邀请我去参加品酒赏画之夜，这也太尴尬了！"话音未落，杰西卡忽然意识到，显然这就是一个很好的开始。当她最终坐到画架前，她的画看起来和老师的范本一点儿也不像，但她克服了紧张情绪，甚至和朋友们玩得很开心。

在那之后的一节课，我让杰西卡再选择四件难做的事情，并在接下来的一个月里完成——两件与个人生活相关，两件与职业生活相关（你会在本章后面的练习中遇到）。在个人生活方面，她选择了参加防身术课程和带孩子去主题公园坐过山车（通常她都会回避的）；在职业生活方面，她接受了一个以拉丁美洲年轻专业人士为主要受众的、关于她职业生涯的网络采访邀请，以及去办公室对面的咖啡店完成诺亚·卡根的咖啡挑战。这些事情都会令她感到极度不适，但每完成一件，她都会莫名地兴奋，因为她知道，她正在奔向一个更勇敢的自己。

与此同时，作为公司运营战略的一部分，杰西卡不仅考虑了公司的未来，还思考了自己的职业道路。一直以来她和公司一起成长，在思考公司该如何应对实体销售业绩不断下滑、使电商业务更具竞争力的同时，她也在努力规划自己的下一步行动，因为生活回归了平衡状态，她终于有了些喘息的空间。这让她有些焦虑，但她意识到要想取得成功，她和公司可能都需要改变方向，她想要见证自己的大好前程。

那天晚上，在辅导孩子做作业时，杰西卡忽然产生了一个想法：如果公司提供服装订购服务会怎么样？这样不仅可以通过持续性收入提升线上销售业绩，也符合环保主义的行业趋势。此外，他们还可以将实体店铺用于提货、退货，将现有的房产利用起来。这个想法对杰西卡来说简直是绝佳的机遇，她知道这绝对值得一试，但她也意识到服装订购服务可能会给公司带来资金和股价方面的风险，也可能会危及自身的职业声誉。

这可不是什么无关紧要的小提议，如果想最终实施这一步，势必要得到核心团队的支持。她与首席营销官和首席财务官进行了交谈，他们都认为这一想法是可行的，同时也善意地提醒她向董事会提议潜在的风险。但是过去一个月里，她所做的努力和有意尝试的小风险，让杰西卡觉得自己愿意去承担前进道路上的恐惧，即使她不知道这些建议最终会带来怎样的结果。

大约两周后，杰西卡向董事长提出了这个想法。起初他对此抱有疑虑，但杰西卡用具体数据、行业趋势和其他团队的支持证实了提案的可行性，所以他愿意给杰西卡拨几十万美元的款项用于试点运营。可以将自己的想法付诸实践的感觉真是太棒了，但能够相信自己，并对自己的职业前景有更清晰的认识，这更让杰西卡感到欣喜若狂。在落实服装订购服务的过程中，即使面对更加混乱的局势，她也始终注意高效工作以及保持已经建立起来的良好习惯和边界。此外，她也延续了定期尝试低风险、小冒险的习惯。这有助于她在感到恐惧的时刻与自己建立更深层次的联系，并让她能够在不牺牲自己的想法和需求的前提下追求想要的东西，给自己的工作带来突破。

## 做出更快、更好的决定

理性冒险意味着做出有效的决策。相关研究表明，过度思考能降低风险，但同时也会放缓决策速度。一般来说，你可以参考第五章提供的方法来克服过度思考，这里我再补充一些针对冒险决策的具体方法：

**1. 预测潜在影响。**我们很容易假设每一个决定都是极其重要的，失败只是一个错误的决定，但大多数决定并非如此——它们多变、可逆，而且即使最终失败了，你也会有所收获、得以成长。此外，有一些决定值得仔细考虑，比如是否重返学校修读学位，而另一些决定则不值得耗费时间和精力，比如是否订阅瑜伽工作室的月刊或年刊。在你做出决定之前，写下你生活中可能会受其影响的目标、优先事项或相关人士。这将帮助你区分什么是有意义的，什么是不值得纠结的。

**2. 关注主要目标。**试图权衡每一种可能出现的结果并考虑周全只会让计划搁浅。为了防止信息过载，问问自己：我希望通过这一决定实现的 3~5 个目标中，哪一个会产生最积极的影响？在所有我可能取悦或激怒的人中，我最不想让哪个人失望？

**3. 设定最后期限。**明确做出选择的具体时间来增强责任感以及设置一些富于创造性的约束条件。把它标注到日历上，在手机上设置一个提醒，甚至联系等待你做出决定的人，让他们知道什么时候可以收到你的答复。利用你的责任心让自己受益。

**4. 预设突发事件。**在这里，你全方位看问题的能力就派上了用场。使用“如果……那么……”的句式来规划不同类型的结果。比如，如果我发现自己逃避写作，那么我会关掉无线网络，散步五分钟调整状态，或者投入地写一段只有 100 字的文字，不论什么内容。

练习

# “好的”实验

接纳风险有助于改变你看待风险的方式：从“唯恐避之不及的事”转变为“打造理想生活的关键”。在以下练习中，你将依照杰西卡所做的实验来设计自己的版本，并承诺用一个月的时间尝试对一些小风险说“好”，这会帮你实现更好的自我。

## 说明

**1. 选择接下来的一个月，要尝试的四件有难度的事情。**选择两件与个人生活相关的、两件与职业生活相关的难事。你所选择的冒险任务应该不需要什么准备，也不耗费任何资源，但应该感觉像是日常行为的延伸。尽量让你的冒险简单明了。

**2. 安排日程。**在接下来的一个月，每周只安排一次冒险。在时间的选择上要灵活，尽可能把这些艰难的任务安排在你的情绪或心智“带宽”很高的时候。比如，你工作到很晚才结束了漫长而忙碌的一天，就不要强迫自己再去参加高消耗的健身课了。

**3. 转化为行动。**使用本章“遇到了阻力？”部分给出的小贴士去克服冒险时产生的恐惧和抵触情绪。

**4. 反思这一过程。**在完成每一个冒险任务后，探索一下：

- 冒险前你有何感受？关注你内在的特定情绪、想法或感受。
- 冒险期间你有何感受？记录你身体、精神或情绪状态上出现的任何变化。
- 你从这次冒险经历中学到了什么？包括对决策过程的观察，或者关于你的高光时刻和有所成长的领域的信息。
- 你将如何推进该计划？即使这很艰难，你会从这次经历中收获哪些积极的意义和教训，从而给你的职业生涯带来好的影响？或者正相反？

# “好的”实验

杰西卡

| 时间 | 我将尝试的任务 | 冒险前我的感受 | 冒险期间我的感受 |
| --- | --- | --- | --- |
| 第一周 | 参加品酒赏画之夜 | 太可怕！我耽误了上车和开车的时间。到了现场之后，在坐到画架前的那一刻，我差点就夺门而逃了。 | 起初，我满怀忧虑，担心我的朋友们会嘲笑我的绘画水平。大约15分钟后（喝了一点酒），我的注意力渐渐从自己身上转移到了和朋友聊天并开始享受夜晚的美好时光。 |
| 第二周 | 在主题公园坐过山车 | 既忐忑又快乐。孩子们很高兴，让我陪他们一起坐过山车，但一想到以飞速翻个底朝天，我就感到不安。 | 一切都突如其来，我几乎没有时间思考，不过这样也挺好。事实上，这段经历让我很兴奋，甚至有些亢奋。虽然之后觉得有点想吐，但我还是很高兴自己这么做了。此外，什么都比不上孩子们脸上的笑容！过了一会儿，当我的胃不再难受，我和孩子们又坐了一次过山车，这次我已经不像第一次那样害怕了。 |
| 第三周 | 在播客上接受关于职业生涯的采访 | 一个字：呃。我不喜欢谈论我自己。我必须得到人力资源部的批准，所以当我仔细查看采访者提出的问题时，我总会担心自己不能很好地代表自己或公司。 | 当谈到我所取得的成就时，我感觉自己像在吹牛，但在谈到实体店业务的拓展后，我获得了极大的信心。另一方面，谈论失误总是很困难的，但是坦承错误让我意识到我已经克服了很多。 |
| 第四周 | 在办公室对面的咖啡馆尝试咖啡挑战 | 当梅洛迪第一次对我提议时，我畏缩了，一种深深的厌恶感瞬间滋生（“你想让我尝试什么？”）。 | 当我要求收银员给我的拿铁打九折时，她斜着眼睛看了我一眼，然后去找经理。我全身出汗，好像要吐了。 |

| 我的收获 | 我将如何推进 | 时间 |
| --- | --- | --- |
| 我可以在一项活动中找到乐趣，即使这不是我擅长的。我通常很看重画作的专业水平，但品酒赏画之夜侧重的是人际关系的价值，只是简单地与我关心的人在一起。<br>每个人都更关注自己而不是我。做自己最糟糕的批评者就是浪费精力。 | 这促使我考虑如何在生活中，尤其是在家庭中更好地参与并建立联系，以此来进一步推进我的边界和价值观。<br>通常，当我在领导层会议上发言时，我总是担心首席执行官和其他高管会分析我所说的每一句话。而实际上，他们都有自己的思路，提出我的想法其实并非我想象的那样需要冒很大的风险。 | 第一周 |
| 最大的收获就是，我终于可以面对自己的恐惧了。我是带着满满的成就感和自豪感离开的。此外我还明白了一个道理：有时情况脱离了我的掌控，而且突如其来，但我仍然能够处理好它，并且享受这一段旅程。 | 在目前的工作中有很多情况是我无法控制的，所以这是一个很好的实践，去适应并应对光速发生在周围的一切。现在我很清楚，克服恐惧会随着反复练习而变得越来越容易，这也是我在制订工作计划时需要遵循的原则。 | 第二周 |
| 我很高兴能成为年轻专业人士的榜样，但我之前并不知道这对我如此重要。仅仅因为我没有把每件事都做得完美并不意味着我就不是一个榜样。原来我也可以为自己感到自豪。 | 在公司里我一直在做幕后工作，但也许我应该考虑提高我在行业内的曝光度。公司高管们总是在商务播客上讲话，所以下次有机会的时候，我会主动参加。 | 第三周 |
| 经理说打折是违反店铺规定的，但你知道吗？我完全不在乎，因为我做到了！我没有无视自己的需求，也没有压制自己成功的机会。我坚定地站着，微笑着说：“不论如何，还是非常感谢！”这是一个我浑身上下充满力量的重要时刻，这足以证明我在重视自己这方面做出了多大的努力。 | 提出更多的要求！在我的职业生涯中，我只是接受别人的给予，并且只要够用就好。这让我明白，尝试也没有什么坏处，因为我可能得到的最糟糕的回答也不过是“不行”，而我可以很迅速地振作起来。 | 第四周 |

| 时间 | 我将尝试的任务 | 冒险前我的感受 | 冒险期间我的感受 |
| --- | --- | --- | --- |
| 第一周 | | | |
| 第二周 | | | |
| 第三周 | | | |
| 第四周 | | | |

| 我的收获 | 我将如何推进 | 时间 |
| --- | --- | --- |
| | | 第一周 |
| | | 第二周 |
| | | 第三周 |
| | | 第四周 |

▲▲▲▲▲▲▲▲▲▲▲

# 如何坚定地表达自己

当我最大限度地相信自己、做充实的自己时，

生活中的每件事总会自然而然地、奇迹般地如我所愿。

——莎克蒂·高文

自入夏以来，凯瑟琳（第八章出现过）可谓是一帆风顺。她利用在管理课程上所学的知识重新思考自己与团队的合作模式，并且已经与其他几位新经理会面过。即使课程已经结束了，她还是会定期向他们征求意见和建议。通过我们的指导，她对自己的情绪有了更好的掌控，这为她前进的道路清除了不少障碍，使她可以专注于自己的进步。凯瑟琳在日常工作中所采用的技巧之一就是——认可并赞美他人——包括马克在内。而且她注意到马克的态度已经发生了变化，尽管他偶尔还是会在会议上发表一些尖刻的评论。

在公司文化委员会方面，她所做的努力也取得了突破性进展。凯瑟琳为新入职的员工打造了一批设计精美的“欢迎工具包”，广受好评，这让她在 CEO 面前的曝光度大大增加了，也令她在公司更具知名度。根据凯瑟琳的工作表现，她被定位为初级员工导师，她是一位善于激励他人并使大家团结一致的领导者。这也令她对未来充满信心，她一定可以处理好各种突如其来的挑战。

现在，凯瑟琳正在为年中绩效评估做准备，这意味着她将收到贝丝的评估，而且她也要对马克做出评估。以前这些讨论总是让她感到紧张，但贝丝非常支持她，她知道这会迫使凯瑟琳与马克谈论她一直回避的“态度问题”。为了配合评估，凯瑟琳准备了一份成就清单，其中包括去年年底成功推出的网站以及她在公司文化委员会正在进行的工作。在评估过程中，贝丝对凯瑟琳在过去六个月里的成长表示肯定，并指出她为凯瑟琳能够如此迅速地承担起新的职责感到骄傲。凯瑟琳在自我评估报告中也提到，工作中自己需要改进的一个方面就是，如何应对不好相处的员工。贝丝问她是否与马克谈过去年推出网站的事。凯瑟琳解释说，她计划在绩效评估期间与马克谈谈他的整体表现，因为就在一天前，马克还在用户访谈总结报告中“漏掉”了其他团队成员的姓名。

尽管马克比其他人多进行了几次采访，但产品和营销团队的成员提供了诸多帮助，理应得到嘉奖。贝丝表示同意，现在就是最好的时机。

两天后就要完成马克的绩效评估了，凯瑟琳意识到作为马克的上司，她需要将马克留在团队，并且告诉他：他需要提高人际交往能力、努力与他人合作。凯瑟琳怀疑他的尖刻评论可能有抵触的成分，但与贝丝的谈话让她意识到，增强自信对自己的成长和进步至关重要。在凯瑟琳设想这份评估报告可能带来的各种结果时，她感到一阵熟悉的情绪波动，她能意识到自己的不安，也能很好地控制它，并利用它来激发自己灵活处理与马克沟通的决心。

和凯瑟琳一样，通过本书的练习，你审视了过去的感受和行为，决定了如何以不同的方式对待世界，并且发掘了更多真实的自我。但是，仅仅了解自己还不够，你必须能够在面对职场的各种不可预测时发声，表达你的观点。到目前为止，你可能已经考虑过说出你的想法，或者固执地认为你的感受、需求或信仰是令人不快的。但自信沟通就是站在你的立场上、坚定而不失同理心地说出自己的真实想法。你能做的重要的转变之一就是调整心态，从认为自信是攻击性的，转变为坦然接受，明确你的目标、界限和需求。

在我过去十年与优异高敏者接触的过程中，自信是向外界展示自我，并帮助你建立雄心壮志和内在自我的第一技能。无论你是在会议上主张想法、要求加薪、寻求新机遇、自我管理还是对家人和朋友设定边界，都必须清楚如何让别人知晓你的想法，机智而不失专业地坚持自己的立场。最重要的是，你必须学会调动与生俱来的热情、关怀和对自身特质的关注去进行有力的沟通。

## 表达你的真实想法

自信就是要在攻击性沟通和被动沟通两个极端之间找到一个中间立场。这包括：

- **坚持你的立场。**展现自信、掌控局面、在必要时提出拒绝，这要求你充分重视自己，提出自己的想法，即使别人不喜欢。
- **客观地对待形势，尊重他人的意见。**清晰简洁地表达自己的想法意味着，你可以采取压力较小的低调方式来解决分歧，以保持情绪平稳，同时也能考虑周全。
- **尽可能实现双赢。**不论结果是否如你所愿，都要讲诚信，遵循自己的价值观行事。

## 何谓自信

**自信沟通**

重视自己和他人
简洁、清晰的表达
灵活的边界
情绪平稳、情绪自控力强

**被动沟通**

好说话
感情用事
形同虚设的边界
无力感

**攻击性沟通**

怀有敌意
罔顾他人
刚性边界
热衷权力

| 情境 \ 沟通类型 | 被动沟通 | 自信沟通 | 攻击性沟通 |
| --- | --- | --- | --- |
| **全组都要服从你的想法** | 等别人率先提出建议，然后简单地表示赞同，而不是提出自己的想法 | 对同事们所提建议的可取之处表示认可，补充你的看法并辅以事实说明 | 默认团队必须采纳你的想法，传达后即刻分配任务 |
| **加薪要求被拒后的状态恢复** | 忍住失望说：“哦，那好吧。”但是回家后需要宣泄一下负面情绪 | 明确定义薪资目标，以便以后重新审视薪资要求时参考 | 告诉你的老板，你将开始寻找一份待遇更好的工作 |
| **管理表现不佳的直接下属** | 熬夜到凌晨 2 点改正他们的错误，遇到一对一求助时也绝口不提 | 指出他们在工作上还有差距，并表明你愿意帮助他们克服障碍以达到要求的标准 | 把下属叫到办公室，指着一份糟糕的报告，质问他们为什么这么无能 |

就像你在努力平衡优异高敏者核心特质一样，在自信沟通方面你也正在努力寻求自身的平衡。好消息是，一旦你找到了快乐的媒介，自信会为你开启全新的、更好的机遇。除了提高自尊心和让你避免过度劳累之外，自信还可以为你赢得尊重、影响力和更高层级的职位——所有这些都可以推动职业发展，同时也会提高你的生活质量。此外，每次你勇敢地站出来表达自己的想法，其实也是在树立一个榜样，我们可以去打造一种关于心理安全和责任感的文化，让其他人感到他们有能力去表达自己的观点，而不必担心受到责罚。

## *策略：完美沟通三要素*

自信地说话、做事需要练习和定期调整，不过一旦你找到了适合自己的平衡模式，你便可以再向前迈出一步，几乎在任何情况下都能获得尊重。你可以使用下面的维恩图来冷静、清晰、直接地传递你的信息。

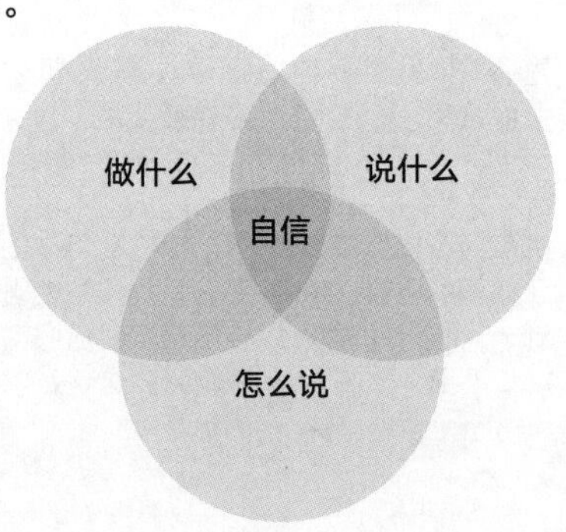

### 做什么（你采取的行动）

- 采取行动。在问题失控之前解决它，制定具有前瞻性的解决方案。
- 明确要求。说明你想要的、要求你需要的，不要指望别人能读懂你的心思。
- 虚心倾听。简明清晰地进行确认，以求理解准确（比如，“我听到你刚刚说……，对吗？”）。
- 用表扬强调正面行为。在大家操作正确的时候要予以肯定，在事情进展顺利的时候也要留意。

### 说什么（你传递的信息）

- 提前写下五个要点。为你想通过对话取得的进展拟定各阶段的标题，以引导对话方向，但不要逐字逐句地编写脚本。
- 占据主导。使用第一人称展开你的陈述，比如，“在……时，我会感到不被赏识，我的反应是……，我想的是……”。
- 言简意赅。文字越少越能强化你所传递的信息，所以要以你的核心观点为主导，删去多余的细节或不必要的解释。
- 删除无意义的铺垫。比如“这可能并不重要，但是……”“我知道这听起来很傻，但是……”“我可能做错了，我……”“我希望你不要生气，……”等，这些都会削弱你的信息。

**怎么说（你的肢体语言和表达方式）**

- 保持语气平和，语调平稳。声音要足够洪亮，确保大家可以听到。用适当的沉默作为停顿，来整理你的思路，同时也给对方一点时间去理解、消化你所说的内容并做出回应。
- 不论站还是坐都应保持挺拔、端正的姿势。你可以想象在你头顶上有一根绳子，张开双臂或放松垂下（不要交叉双臂或用手指摆弄头发），保持良好的眼神交流。
- 随时掌握动态。注意对方肢体语言的变化，寻找前后不一致之处。比如，听到你所说的内容，对方是否只是刻意做出惊讶的表情？又或是边摇头边告诉你“是的”？
- 根据语境做出理性的选择。考虑你选择传递消息的时间和媒介（如电子邮件、面对面、电话、社交平台上的即时信息等）。自信的内核是自我尊重、相信自己的直觉，并将此准则贯穿于生活之中。每当你愿意表达对你来说至关重要的事情时，你就会向大脑强调你的愿望是重要的、有价值的。

## 遇到了阻力？

**1. 尝试再尝试。**在做出第一次尝试时，你的话可能没有产生预想的效果，时机把握得可能不太好，又或者在试图表达自己的想法时头脑一片空白。没关系的，这并非无可挽回。你可以发一封电子邮件跟进，重申你的想法，请求在梳理好思路之后再进行一次对话，或者抓住其他机会继续跟进。

**2. 选择你的“战场”，调整你的作战风格。**选择相信某人一两次，但如果这种做法成为一种模式，那就大声说出来。根据你的对手来调整风格。如果是和粗鲁、充满敌意的人打交道，那么你可能需要稍微转向攻击性的一面，如果是和上级说话，你可能需要稍微转向被动、恭敬的一面。

**3. 花些时间考虑清楚。**如果在谈话过程中争论激烈，不妨向对方提出缓一缓再来处理。比如：“我重视我们的工作关系，并希望尽可能给您最好的答复。能给我一天的时间考虑一下吗？我们能把这一项列入下周会议的议程吗？”

**4. 勇敢地应对自己的眼泪。**表达自己的真实反应总比试图隐瞒要好。试试这样说：“正如你所看到的，我觉得自己在这方面投入了很多，这也是我情绪激动的原因。”

## 像老板一样表达你的想法

| 不要这样说 | | 试试这样说 |
| --- | --- | --- |
| 你总是在最后一刻把事情推给我。 | → | 当你在截止日期前三个小时索要材料时，我感到不知所措。 |
| 是的，我能做到！ | → | 我听说这很重要。让我们来看一下我的优先事项，看看哪些可以调整或者删除。 |
| 你能组织一下会议吗？ | → | 我需要你组织一下会议。 |
| 推进没问题吗？ | → | 除非另有说明，否则我会继续推进。 |
| 本周内能给我最新消息吗？ | → | 我想在本周内得到最新消息。 |
| 啊，很抱歉我没有发现那个错别字！ | → | 干得漂亮！谢谢你发现了。 |
| 希望这有意义。 | → | 你有什么问题？ |
| 我又在胡扯了。 | → | 我是一台"语言加工机"，非常感谢你耐心听我讲完。 |

## 凯瑟琳的行动策略

在一次辅导课上，我们和凯瑟琳一起制定了行动策略——围绕如何运用沟通三要素，在马克的绩效评估中果断地向他提出反馈意见。但在讨论战术之前，我们需要先解决她的心态问题。起初，凯瑟琳担心批评马克会导致他故意表现很差，但通过我们的讨论，她意识到不做反馈，后果会更糟糕，而且对马克来说也并没有好处。此前凯瑟琳一直不清楚自己的期望和潜在后果，她知道如果现在不指出马克的问题、让他做出改变，将会对整个团队产生负面影响。

当我们谈到信息传达中的“做什么”这一部分时，凯瑟琳意识到她需要重新安排马克的绩效评估时间，以确保他们与重要客户关于目前工作进展的会议顺利完成。她不想让团队太被动，而且她也清楚，她和马克可能都需要时间思考。在写给马克的邮件末尾，凯瑟琳重新安排了讨论时间，并表明自己很期待与马克聊聊他所取得的成绩以及有待提升的领域，所以也就不会出现什么意外。

至于“说什么”，凯瑟琳想设定一个积极的基调，所以她列了一个项目清单确保自己不会偏离正轨。坐下来之后，凯瑟琳用了大约 20 分钟讨论马克所取得的成绩，其间她参考了自己的笔记，对马克表示赞赏并强调了他为团队做出的所有贡献，然后转到他的薄弱方面。凯瑟琳坦言：“作为你的经理，我必须指出你需要提升和发展的领域。也正因如此，我想分享一些你可能不愿听到但有助于完善自身的反馈意见。同时我也想了解一下你的想法。”凯瑟琳承认自己之前的态度不够积极主动，所以她补充道，“我们也可以谈谈我做得不合适、可能引发问题的方面，以及我可以做些什么来更好地支持你。”

接下来，凯瑟琳为马克列出了他有待提升的两个关键领域——人际沟通与团队协作。凯瑟琳首先描述了为什么这两个领域对团队合作来说至关重要，当然对公司来说也很重要。在列出每项能力所包含的内容后，凯瑟琳转向了细节，并提出了几天前发生的事情，“我看到总结报告上面的署名只有你自己。从现在起，我希望你在工作流程中添加一个检查步骤，以确保每个人的工作都能得到认可”。

结束后，凯瑟琳换成了听众模式。她问马克：“你对今天的谈话有什么看法？”

马克交叉双臂向后靠在椅背上，怒目而视：“你知道的，我不高兴。我真的觉得你这么说很不公平。”

如果是以前，凯瑟琳可能会结巴甚至语塞，同时试图推翻自己刚才的评论来挽回局面，但这次不一样。她能够坚持自己的立场，重申自己的权威：“我可以理解你的不高兴，但尽可能评估每位团队成员的工作表现是我的职责。因此，虽然我知道谁都不喜欢听到批评，但我仍然需要你的配合。接下来我们可以讨论一下解决问题的计划。”

马克发出一声嘲笑，并在凯瑟琳凝视他、等待回应时看向别处。沉默了 30 秒后，马克含糊地说他需要些时间来考虑这个计划。进行完我们讲过的步骤后，凯瑟琳平静地说，她明白马克需要时间消化，并请他在下一次一对一面谈时说说他的想法。然后，马克走出了房间，他身后的房门“砰”的一声关上了，凯瑟琳这才长舒一口气，如释重负。尽管问题还没有解决，她也不知道他们最终能否达成一致，但她为自己感到骄傲，因为她在面对紧张局面时仍能保持冷静，并采取了一些策略来坚守自己的立场。她知道，有了这一次突破，她会更加自信地应对日后的状况。毕竟冲突是不可避免的，只是没必要每次都担惊受怕。

## 说出心里话

### 谦虚的自夸

- **发送你或你的团队主要成就的月度总结。**关注那些成就量化的数据和奖状或其他形式的成就证明。
- **在与员工的一对一面谈议程中添加“成就”项。**如果你是一名领导者，在组织团队会议时，可以从每位成员分享自己过去一周里的一项成就开始。

- **建立智囊团。**与导师一起推进，让他们知道你是怎样实施他们的建议的，或者找一位能吹响你“号角”的工作伙伴，而你也可以帮助他发光。
- **展示你的专业知识。**为员工举办午餐交流会，或者给初级员工提供指导。

**会议发言**

- **提前到场。**利用这段额外的时间做小范围的轻松交流，以建立融洽的关系，并为正式的会议预热。
- **在前 10 ~ 15 分钟内发言。**一旦你提出了一个想法或观点，你就会感到更加放松，变得更加乐观积极。
- **使用 PREP 结构。**言简意赅地表达你的观点并说明理由，给出证据，最后重申你的观点。
- **提出可以激发进一步讨论的问题。**比如，你可以说，什么是合理的时间？我们要如何处理这个问题？

**友好地说“不”**

- **在请求和接受之间预留空间。**在做出承诺之前养成说“我需要考虑一下”“让我先查看一下我的日程表”“让我们先来谈谈如何才能做到这一点”的习惯。
- **提供一个替代方案。**如果最后期限的设定不合理，你可以说，

“我很乐意这样做。实际上，这是我在这一时间要求下的完成度”“我需要这些资源来完成这一工作要求”。

- **用感激代替道歉。**把“对不起，我做不到”替换成“谢谢你想到我”。
- **表达合作意向。**试试看，“我的工作日程已经排满了，安排不下午餐 / 咖啡了，但我想也许我们可以合作”，或者“我愿意与你合作，帮你解决这个问题。让我们商议一下合理的薪酬标准”。

**要求加薪或晋升**

- **埋下伏笔。**尽早向你的经理提及你的远大抱负，你可以说，“虽然我的首要任务是在目前的岗位上表现优异，但我的长期目标是不断进步，我希望你的支持能帮助我成长，为日后的成功打下坚实基础”。
- **预测需求并主动解决问题。**了解你的经理的重点优先事项。寻找能以有意义的方式做出贡献的拓展性任务。
- **展示你过去取得的成绩和未来的计划。**你的经理想知道给你升职加薪会以怎样的方式为公司带来投资回报。
- **做好被拒绝的准备。**拒绝并不是谈判的结束。找出获得加薪资格必须达成的目标。

**优雅地接受反馈**

- **不要立即制定防御策略。**即使你最初的反应是悲伤或愤怒，请深呼吸，感谢对方的意见，并询问具体的事例。

- **准备好你想问的问题。**“怎样算是工作表现好？”和“关于我下次应该尝试的内容，你会给出哪两条建议？”是我最喜欢的两个问题。
- **请求给出一定的时间处理反馈。**当你得到严苛的反馈时，你可以说：“很感谢你告诉我你的忧虑，我想梳理一下我的思路，以便尽可能地给你最好的答复。我们下周敲定可以吗？”
- **理解它。**将反馈分成三个部分：

1. 他们所说的话（确切的用词，不要解读）。

2. 反馈中有什么问题（发泄你的沮丧）。

3. 反馈中有什么可能正确的部分（这样你就不会失去他们所说的话的价值）。

练习

## 自信地面对

你的大多数同事、朋友和家人都会认为，你能为自己说话这是非常好的，但有些人可能会感到失望或气愤，特别是如果你以前过于随和的话。在以下练习中，你将学习如何应对心怀抗拒的听众，这样你就可以更自信地处理冲突。

### 说明

1. **确认你需要进行对话。**这种情况可能与你的某个被打破的边界、你的价值观或对你来说很重要的目标有关。

2. **就“做什么”“说什么”以及“怎么说”三方面列一个提纲。**你不可能总是提前做好准备，但是要尽可能抓住已有的机会了解自己的表现。

3. **开始对话吧！**鼓起你的勇气，实现这一目标。

4. **回应拒绝。**在对话变得激烈时，在以下技巧中选择一种并做出尝试。

- 积极倾听。以重述的方式确认并尝试理解对方的观点。“听起来你似乎对此次会议的进展不太满意，对吗？”或者，你可以提出开放式的问题，比如，“你对我所说的话有什么看法？我该怎样支持你？”

- 寻求可行的折中方案。提供一个备选方案或解决方案，比如：“我们花一天时间考虑一下怎么样？”“我们要怎样才能找到一个双方都接受的数字？”
- 适当的沉默。像凯瑟琳对待马克那样，面对迟迟不作答复的挑衅，先暂停 3~5 秒再做回应。
- 尝试“坏唱片技巧”。以公平公正的语气重复一句话，比如“我正在说话”“那并不相关”“我很愿意稍后再讨论这一点”“请不要那样跟我说话”。

5. **反思**。互动后，探索哪些进展顺利，哪些不顺利。

- 互动之前、期间和之后我的感觉如何？
- 是什么阻碍我“以我想要的方式”为自己发声？
- 我要如何改进我的方法，以便继续推进？

# 自信地面对

凯瑟琳

| 做什么 | |
|---|---|
| **你不想做的**<br>回顾马克绩效评估的那一天<br>避免提到他在总结报告中漏掉了团队其他成员名字的事情 | **你想做的**<br>重新安排马克的评估时间，这样我们就不至于太匆忙<br>突出马克的贡献<br>提前将议程发给他，这样就不会出现意外 |
| **说什么** | |
| **你不想做的**<br>“我在胡说。”<br>“我说得有道理吗？”<br>“很抱歉给你这样的反馈。” | **你想做的**<br>“你是团队里有价值的成员。”<br>“你对我分享的内容有什么看法？”<br>如果他生气，就保持沉默 |
| **怎么说** | |
| **你不想做的**<br>懒散地避免眼神接触 | **你想做的**<br>保持挺拔的坐姿，假装背后靠着一块木板<br>与他并排坐，而不是坐在桌子的两侧 |

**谈话提纲**

**开场白**

- 我们应以大局为重，我希望这是一次双向的交流。

**要点**

- 强调去年在客户项目方面取得的成就。
- 有两个需要改进的关键领域：人际沟通与团队协作。
- 一个相关且具体的例子——本周早些时候在材料上漏写了其他同事的名字。
- 当这种情况发生时，我感到忧虑和失望。

**结论**

- 如果以后出现类似的情况，我需要你注意给予每个人应得的荣誉。
- 作为你的上司，我在这里向你做出诚实的反馈，并帮助你制定解决方案。

## 自信地面对

在虚线上写下你不想做的，在实线上写下你想做的。

| 做什么 | |
|---|---|
| 你不想做的 | 你想做的 |
| ---------- | ______ |
| ---------- | ______ |
| ---------- | ______ |
| **说什么** | |
| 你不想做的 | 你想做的 |
| ---------- | ______ |
| ---------- | ______ |
| ---------- | ______ |
| **怎么说** | |
| 你不想做的 | 你想做的 |
| ---------- | ______ |
| ---------- | ______ |
| ---------- | ______ |
| **谈话提纲** | |
| 开场白 | |
| 要点 | |
| 结论 | |

# 如何从绝望中寻找希望

平静的海洋可以带给你安宁，

而风暴则带给你力量。

——吉尔·温特斯廷

**第五章出现过的卡西，在主题演讲前的几周里**对自己的表现寄予厚望，期待借此迅速提升在公司的职位，顺利进入下一个发展阶段。他重新写好满意的演讲稿，甚至找来可靠的同事排练，并根据反馈对演讲稿进行修改以及预测听众可能提出的问题。最重要的是，他着重练习了如何更简洁地表达。在会议当天，他望着会场的另一端，深吸了一口气，然后开始了他的演讲。演讲很成功，他向大家展现了充分的准备和从容不迫。会议结束后，格雷格告诉卡西，此一战他势必会晋升，卡西感到欣喜不已。

大约六周后卡西升职了，他不再负责招聘初级职员的工作，开始专注于风险更高、影响更大的高层管理人员的引进工作。卡西干劲十足地投入新任务，虽然颇具挑战性，但他觉得这能让他得以施展构建良好关系和解读他人想法的能力。两个月后，卡西准备向即将成为业务拓展部副总裁的第一位候选人抛出橄榄枝。卡西花了数周时间筹备内部面试和讨论会议，这位候选人也曾暗示如果公司发出邀约，他会接受。卡西非常确信，这位候选人是这一职位的绝佳人选，并为对方争取到超出预期的薪水。

在拿起电话准备发出邀约的时候，卡西无比激动，但当他发觉候选人听到这一消息似乎并没有那么兴奋时，他马上意识到情况不妙。电话只持续了 10 分钟，卡西安慰自己，一定是打电话的时机不对。直到第二天早上收到候选人拒绝邀约的电子邮件，卡西的心终于沉了下去。尽管在接下来的一周里他再次尝试打电话和发邮件，却没有得到任何答复，最终他不得不告诉格雷格和高管团队，他们必须开始重新物色适合的人选。令卡西感到自豪的是，第一次高管招聘工作没能达到预期目标，并没有像几个月前那样给他带来强烈的恐慌，但候选人临阵脱逃让他措手不及，难免有些沮丧、消沉。

一天，卡西正在斟酌手头的候选人，仔细筛选适合的名单，妻子突然从急诊室打电话来，说在浴室里滑倒了，脚摔断了。卡西马上跑到医院，发现妻子精神很好，但一只脚上打着硕大的石膏，需要至少8周才能恢复。于是卡西请了一周的假，白天照顾妻子，晚上熬夜力求招聘工作重回正轨，他万分疲惫，远不及平日里积极性高。第二周周一的早上，卡西陪同妻子复诊，在医生嘱咐注意事项的时候，卡西一直盯着收件箱里的列表，生怕错过新邮件。

整个局面让卡西陷入了困境。在新的工作岗位上，他没有如愿履行职责，同时家里层出不穷的、大大小小的事情也都等着他处理。尽管他可以控制自己不去过度思考，但是面对眼前的重重阻碍，他感到既无助又沮丧，这是他许久未曾有过的感受。

无论是在家里还是在工作中，挫折都会让你偏离正轨，让你觉得自己好不容易取得的那些进步又倒退回去了。不过不要担心，你可以灵活而富有创造性地运用你已经掌握的工具，从源头上扫除这些障碍，不论是小挫折还是大挫折，不论它来自你的内心还是外部世界。制定自己的路线并根据自身条件定义成功并不是一件容易的事，但是只要你重新确认对自己的承诺，并充分利用你作为优异高敏者的核心特质，就可以克服突如其来的困难。

## 挫折的真正面目

虽然挫折对每个人来说都是艰难的，但优异高敏者的内心更容易动荡，这种动荡通常来自突如其来且极具挑战性的状况，比如：

- 理想与现实之间的差距
- 失去动力
- 疾病或健康问题
- 繁忙的工作导致情绪失控
- 不能坚守边界，导致承担过多事务

正如你所认识到的，为了获得成功，你需要积极管理自己作为优异高敏者的核心特质，这对于战胜挫折来说至关重要。你需要一套专业的准则来指引你从挫折的阴影里走出来，一旦你接受这一点，一切都会变得容易得多。当你承担更多的风险、坚持自己的主张、继续规划成功之路时，遭遇逆境在所难免。你越是不畏险阻放手一搏，成功的概率就越大，也就越需要做好防范抵御低潮期的侵袭。只有勇于承担，将自己从恐惧中解救出来，才能巩固已取得的进步。在这里告诉大家一个好消息：只要你调动学过的诸项技能并加以运用，就会找到解决办法。

在进入以下内容之前，让我来澄清一点：一直以来，你可能都认为遭遇挫折就意味着失败了，其实挫折并不等同于失败。在你认输、放弃、没有其他选择的时候，你才失败了。而挫折只是暂时的脱轨，如果你内心的坚持和承诺并未熄灭，只要处理得当，它们就会迸发出巨大的能量。

## 当进展不顺利时

因为本书将帮助你实现长期的变化和持久的平衡，那么有一点非常重要：在某些节点，你可能会觉得自己的努力没有任何进展，又或者觉得你的确取得了很大的进步，可是现在又停滞不前了。还有一种可能是，你被动地陷入了自己无法改变的困境，比如席卷全球的新冠病毒。

在尝试相信自己的过程中总会遭遇低潮期，这很正常，因为有“变革曲线”现象。你可能听说过这个概念，它一般用于分析人们在受到心理创伤后的改变过程，同样适用于优异高敏者的个人发展。变革曲线（见下页）的纵轴代表理想状态（积极性、幸福感、生产力等），横轴代表时间。当你开始使用本书中的工具来改变自己时，你可能会发现你的积极性暂时降低了。这是因为改变真的很难，而你的能量并非恒定的，而是一种会上下波动的资源。事实上，动摇你的信心、热情和专注力的事情总会发生。任何值得去做的事都伴随着怀疑和困惑，而没有什么比“成为你想成为的人”更值得去做的事了。

尽管变革曲线是“人生旅途中”可预见的一部分，但它也是最令人紧张和不愉快的部分。作为一名优异高敏者，你特别容易对自己感到愤怒，或者因为自己没有加速前进而感到沮丧。因为不确定这种状态会持续多久，你可能会变得更加易怒、多疑、伤感甚至有些厌倦、懈怠。如果你正在经历幻灭或失望而畏惧、退缩，那么你可能正身处变革曲线的下降阶段。不过这也意味着你正在通往某处的途中。很多人在身处变革曲线的谷底时选择了放弃，而我的学员们发现，只要挨过这段艰难时期，实力、成长和新的机遇终会来临。

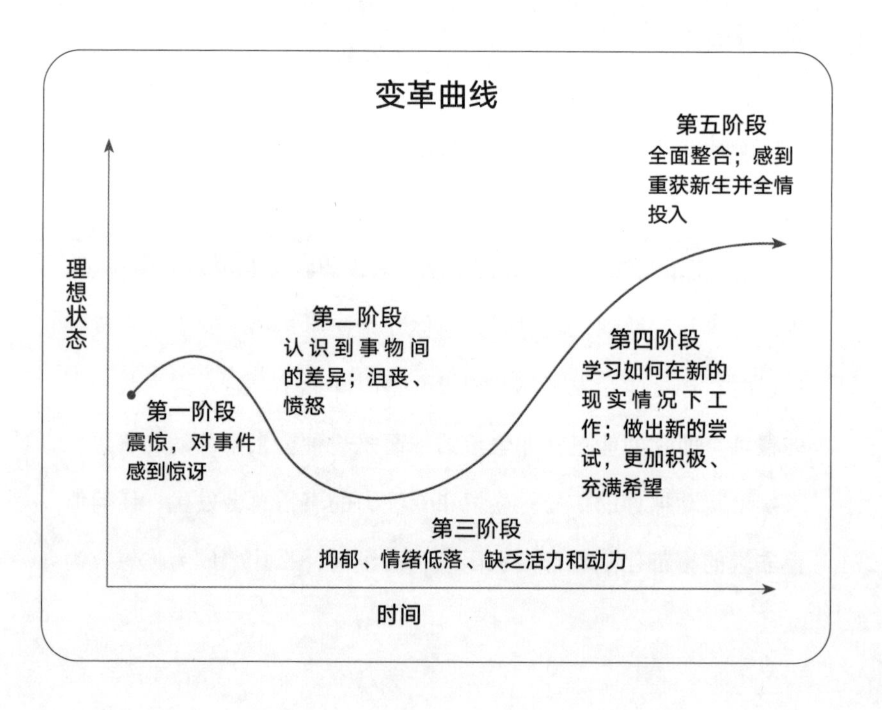

## 策略：重新开始

所有的优异高敏者都会因为不同原因而陷入变革曲线，尤其是当你个人和职业发展进入新阶段或是遭遇突如其来的阻碍的时候。一旦你能够意识到出现了怎样的变化，并有意识地采取相应的举措时，挫折并不一定都是痛苦的。战胜挫折后重整旗鼓、准备再次踏上征程的你，需要利用在本书中学到的所有技能，并将它们运用到休息、反思、再调整的过程中去，然后重新回到正轨。利用以下清单让困境成为助你茁壮成长的养料。

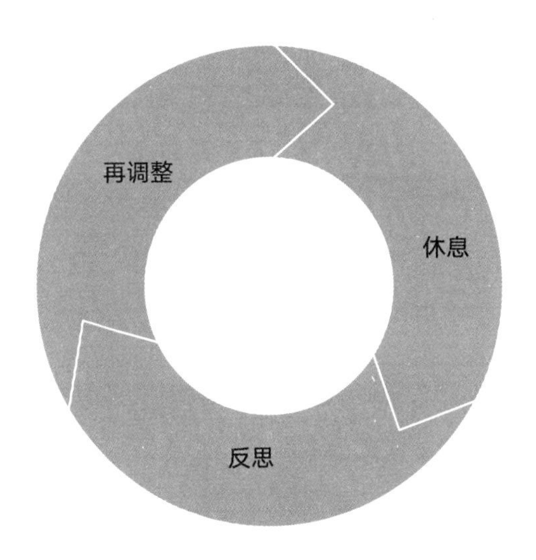


### 休息

可以说，低潮期是为成功蓄力，但相信它则又是另外一回事了。除非你能将自己从事件中抽离，否则是不可能从挫折引发的负面情绪中恢复过来的。因此在第一阶段，你要把问题先放在一边，好好休息一下。这样做可以让你的神经系统稳定下来，并帮助你调整视角。

________ **自我观照**。重温你学过的工具和技巧，找到你的中心位置，调整你的情绪，不要让它们控制你的反应和行为（第四章）。让自己去感受挫折可能带来的伤害、失望和尴尬。在这一阶段，你不必把注意力放在寻找希望上。

________ **管理好你的思绪**。如果你不确定挫折会持续多久，“过度思考自检表”（第五章）可以帮助你阻止消极的自我对话。不要把这一刻看成故事的结局，你可以把它想象成旅途中偶遇的事件。接下来你想做什么？未来会发生哪些让你豁然开朗的事？原来这种消沉竟是一种经历，甚至是让你成为自己故事中的英雄的关键点。

**反思**

从你第一次拿起这本书，你已经取得了很大的进步。所以，是时候提醒自己，你是有能力完成一些高难度任务的，不要忘记你当初选择这本书的初衷：从自我怀疑走向自信。将已取得的成功列一张清单，让你建立起来的内驱力和自信带你摆脱困境、走向光明的彼岸。

________ **修改你的许可证**。允许自己反复做出尝试，包括允许自己犯错误、休息或是没能达到 100% 的高效率。现在就是重温“你的许可证”（第三章）的最佳时机，因为你需要摆脱反复思考解决办法的习惯，去迎接新的开始。

________ **请教你的直觉**。召唤你在这段旅程中所培养的洞察力，来评估你所掌握的信息、接受未知因素的存在，相信直觉的判断，比如目前怎么做才是最适合你的，即使你觉得这可能不会带来立竿见影的效果（第六章）。

________ **牢记你的核心价值观**。坚持你所定义的核心价值观（第八章），让它们成为你的启明星。也许这一次你表达它们的方式不太奏效，但挫折并不意味着你必须改变自己的本质。寻找遵循价值观行事的新方式，让你的核心特质分布更均衡。

### 再调整

你仍然可以全力追求你想要的结果，只是在方法上变得更加灵活。正如你所反思的，也许你已经发现了有效的方法。带着这样的洞察力向前迈进一步，或许这一步只是暂时的停滞不前。以你现在的能力，足以做出明智的判断，就是你知道如何以一种既服务于你又能与你最重要的事情相匹配的方式做出回应。

________ **重新承诺（或重新设定）你的目标**。既然你已经身处变革曲线中了，那么你可能需要根据意料之外的信息、突发事件或反馈，来重新审视你的目标。使用“承诺目标—挑战目标—

突破目标”框架（第九章）更新或创建新目标，以适应不断变化的局面。

________ **巩固或重建你的边界。**根据“边界设定方案”（第七章），你必须做出怎样的调整或改变。你是否有必要调整那些曾经对你很有效却不知不觉被打破的边界？有没有更适合目前情况的其他边界？记住，边界的存在并不是为了防止他人的侵袭，而是为了通过创造可持续的、支持性的限制来保护你的能量。

________ **改变游戏规则。**如果你已经明确了自己想要的东西，但事情没能按照你计划的方式进行。例如，你在工作中承担了新的职责，但对你来说并不适合，或者你尝试加入一个过于混乱、嘈杂的联合办公场所。那就调整自己再试一次，或者利用你在此期间获得的自我认知做出一个更契合你个人生活和职业发展的、不同的选择（第十章）。

尽管这些阶段是为了缩短挫折的持续期并减少伤害，但恢复坚强可能需要更长的时间，所以你必须对自己以及所处的状况保持耐心。你不可能在短时间内改变几十年的惯性思维和行为模式，即使心怀最美好的愿景，你也无法控制这世界固有的一切模糊性和不确定性。但是你可以信赖这个对抗的过程，并根据自身的需求反复进行，直到最终战胜挫折，踏上光明的彼岸。

## 遇到了阻力？

**1. 花点时间停下来。**当你感觉自己正盘旋而下，问问自己：我是饿了、生气了、孤独了还是累了？然后满足自己的需求。吃点零食，给朋友打个电话，或者小睡一会儿。作为一名优异高敏者，你会更容易受到能量转移的影响，如果你的神经系统被过度消耗，你的反应会更强烈。

**2. 把注意力从自己身上转移开。**在排队买咖啡的时候，给排在你后面的人也买一杯吧，或者帮隔壁的老人搬运食品、杂货。你也可以尝试来一段“敬畏行走”——一种专注于走出自己的头脑进入世界的步行冥想。

**3. 把你学到的东西列一个清单。**如果要再次尝试，你会选择哪种不同的方式？那些“早知如此，何必当初”的事情不会挥之不去——它们都是你从挫折中学到的教训。

## *卡西的行动策略*

再一次见面的时候，卡西看起来有些不堪重负。整整一周，他每天早早赶到办公室寻找新的副总裁候选人，还没完成任务就又匆匆赶去接妻子下班了。回到家要打扫、做饭、洗衣服以及处理各种随时出现的杂事。妻子的状况正在好转，可是这样的日子还要持续六周，卡西迫切希望在家庭和工作方面都能有所改善。

在我们讨论每一种状况时，卡西知道没有人因为第一个候选人拒绝邀约而怪罪他。格雷格更是直接指出，高管招聘要相对复杂一些，并表示假以时日他便知道如何应对了。卡西看着日历，心里盘算着自己的日程安排，他感到一阵恐慌，不知道自己是否能处理好这一切。

在我们的指导课程中，卡西的目标是摆脱恐惧，并重新找到刚晋升时的兴奋感和那种对未来充满无限期待的感觉。此外还有一个重要目标，那就是陪伴和支持妻子，但他很快意识到他所承受的压力已经迫使他放弃了一些好习惯，再次开始超负荷运转和过度思考，他又回到从前的消极状态了。

我向卡西介绍了“休息－反思－再调整”三个阶段，我们一起为之后的一周制订了计划。他的首要任务是休息一下，为之后的工作扫清障碍。那个周末他睡了个懒觉，点了外卖，并致力于“数码排毒”（远离网络和数码产品），力求头脑清醒。经过几个晚上的睡眠调整和一些反思，他更清楚地看到自己在过去两周里所做的事情，也更确定这种状态不能再持续下去了。他以前总觉得自己什么都能应对并引以为豪，可一旦看清全局就发现，他需要向自己“发放许可证”，允许自己不必独自处理这些事，允许自己去寻求帮助。

卡西请岳母帮忙每天把妻子接回家，这样他就有时间和精力在家物色高管人选。他们商量将一部分家务外包出去，并且偶尔叫外卖作为晚餐，这样一来家务方面就轻松多了。他知道如果不求助他人，他就无法满足自己专注和谦逊的核心价值观。

他还准备从招聘工作中学习。周三，他和格雷格对此次招聘结果进行了剖析，听取了相关情况汇报。会后，卡西制订了一套改进候选人遴选程序的计划。他还设立了边界，即他不会独自敲定候选人。他知道一旦出现问题，还需要格雷格以及相关人员一同协商。待妻子的脚伤痊愈后，卡西加入了一个人力资源部的领导层组织，并找到了一位导师，可以与之讨论工作问题以及相应的解决办法。现在，卡西在这个职位上已经做了一年了，他已经形成了自己的工作风格和节奏。在经历最初的被拒之后，他最终找到一位非常适合这个职位的候选人。尽管还有一些小失误，但现在的他有能力摆脱困扰，因为每次他都会重温自己学到的技能，以保持优异高敏者核心特质的平衡。

## 说出心里话

大多数时候，你将要面对的是来自内在动机和生活的自然起伏。但是偶尔，你可能真的会陷入困境。以下是犯了错误后的一些补救办法：

- **不要夸大其词。**除了少数例外（比如，飞行员或外科医生）工作失误并非生死攸关的大事，可以解决或纠正。不要苛责自己，可以给自己一些积极的自我暗示：人都会犯错的，我想也该轮到我了。这很尴尬，我会挺过去的。
- **承认错误。**如果有需要的话，那就道歉，但不要说得过多。简单一句“我犯了一个错误，我正在努力尽快修复它”，通常足以挽回你的面子和声誉。
- **修复关系。**如果你所犯的错误影响到了其他人，那么你可能需要重新建立信任感。根据经验，五个积极互动才能抵消一个消极互动。
- **做出调整。**评估失误发生的方式和原因，并制订一个行动计划来阻止它继续发展下去。比如，我的一位学员因为不断拼错一位重要客户的名字而感到羞愧，她担心这会影响到合作。于是她打印了一份客户名单，贴在自己的隔间里作为提醒，方便随时查看。

练习

# 你的下一个发展领域

平衡你作为优异高敏者的核心特质是一个持续的过程，这意味着挫折使你有机会评估你的下一个发展领域。即使你觉得大多数时候都很均衡，这个最后的练习依然能帮助你评估如何进一步完善自己。

## 说明

1. **回想你遭遇的一次挫折。**回忆上次在第八章填写平衡轮之后，你经历的一次（短暂或持续的）挫折。想一下你当时的情绪、想法和反应。记住这些情况并完成你的第三次平衡轮练习。

2. **注意你所取得的成就。**将这个平衡轮与你在第一章、第二章中完成的平衡轮并排放在一起，你所做的积极改变一目了然。你的分数提高了多少？你发现了哪些进步？你的哪些核心特质变得更加平衡？

3. **寻找机会。**看看你第三次填写的平衡轮，探究一下你的哪些核心特质因为挫折失去了平衡。这可以帮助你理解你的模式，并制定相应的方案。

4. **制订行动计划。**正如我们在本章中所提到的，再次对你和目标做出承诺可以帮助你战胜挫折。制定一个可行的行动步骤清单，向下一个发展阶段迈进。

# 你的下一个发展领域

卡西

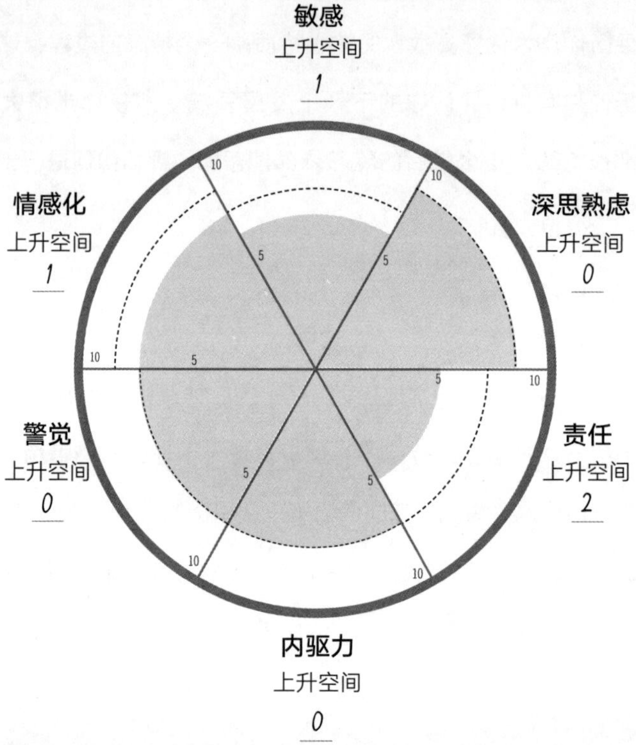

敏感
上升空间
1

情感化
上升空间
1

深思熟虑
上升空间
0

警觉
上升空间
0

责任
上升空间
2

内驱力
上升空间
0

| 我的下一个发展领域是 | |
|---|---|
| 平衡责任和内驱力 | |
| **我采取的行动是** | |
| 寻求岳母的帮助 | 计划每个月安排一个周末进行“数码排毒” |
| 通过家务外包和外卖服务缓解压力 | 加入人力资源部领导层（组织） |

# 我的下一个发展领域是

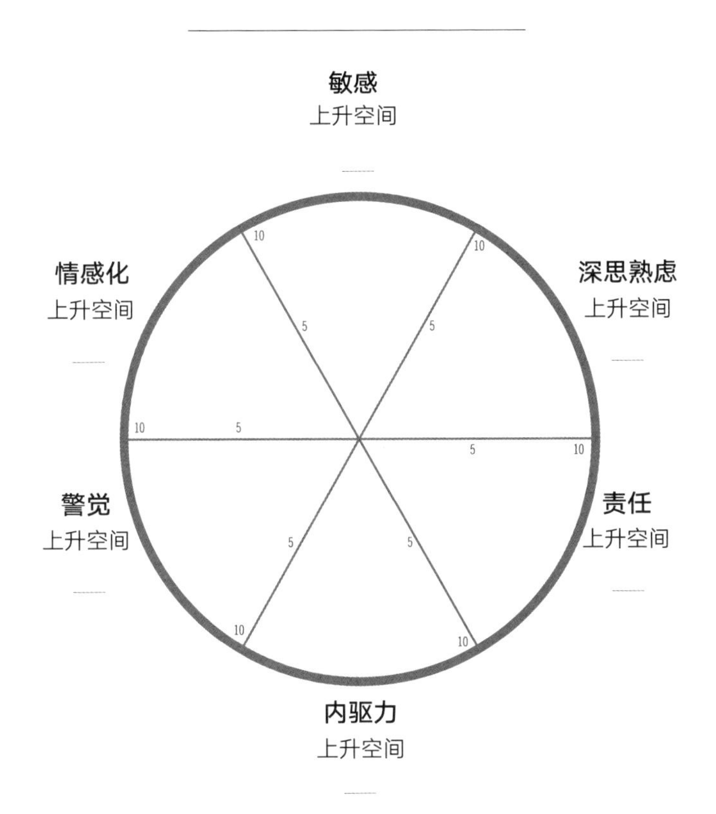


| 我的下一个发展领域是 |
| --- |
| |

| 我采取的行动是 | |
| --- | --- |
| | |
| | |

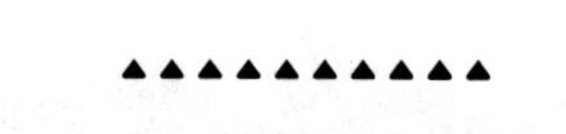

# 结束语

这世上总有这样那样的理由让你怀疑自己的价值；

问题是，在你抬起头并意识到……原来你一直都能找到回家的路

之前，你允许自己摸索着走多远？

——莎拉·巴莱勒斯

**恭喜你，你做到了！**你已经看到了这本书的结尾！为你在这一过程中所付出的努力，好好地嘉奖一下自己吧。这一路上你的每一步表现都值得骄傲。

正如我在前言中所表达的，希望你不再自我怀疑，真切感受到自己对生活的掌控，并重新找回成功对你的意义。现在，我希

望你已经在书页间找到了信心，将你的敏感转化为力量，轻松地在这世上行走。

在我最初产生创作这本书的想法的时候，曾经被一些出版商拒绝过，他们觉得自认敏感的人群占比太小，而且就算人们觉得自己敏感，也不会把它看作一种积极的特质。然而，我越深入探讨，就越发觉这一群体在不断发展壮大。现在，我已先后在美国的斯坦福大学、沃尔玛超市以及《广告周刊》杂志社发表过演讲，并为许多知名公司的管理层和领导者持续提供培训课程。我们的优异高敏者社区每天都有新成员加入。我和大家分享这些主要出于两个原因。首先，我要强调一点：你并不孤单，还有很多人和你有着一样的困惑。其次，我想强调的是，对你来说最重要的是，站在自己的力量中心。在我写这篇结论的时候，我们正面临着全球经济的深度衰退、史无前例的高失业率以及企业前路未卜等不确定性。未来的挑战是巨大的，这个世界急需像你这样拥有与生俱来的创造力、同理心和积极内驱力的人。总之，你的敏感和远大抱负是不可否认的天赋，所以要充分加以利用。

然而，我们不能忽视的是，职场需要认可优异高敏者所创造的价值。虽然近年来，我们看到了一些面向多元化和包容性的重大转变，但是要真正理解那些从性情到神经系统都异于常人的人所创造的东西，用人企业还需继续努力，他们还差得很远，因为他们刚刚开始意识到，优异高敏者是最有价值同时也最容易被忽视的重要资源。目前对你来说最重要的就是，展示你所有的优势，并获得你应得的认可和尊重，这比以往任何时候都重要。加入我们的社区吧，让我们一起打造一个舒适、惬意的工作环境，欣然接纳在各自擅长的领域里闪闪发光的敏感人士吧！

书中提供的工具和练习是为了方便你在需要的时候——境况好或者不好的时候（因为你的目标和生活总是不断变化的）——可以随时查阅。毕竟，“相信自己”不是你跨越的终点线，而是一个持续的过程。如果你读第一遍的时候没能理解某个概念，那么不妨一两周之后再重新审视一下。有时候，我们需要些时间才能真正领悟一些改变。不要放弃自己。此外，我还建议你定期坐下来翻翻你之前记录的日志，包括你的一些经历和当时完成的相关练习。回顾你所取得的进步和提出的独到见解，提醒自己你曾做出了多少努力以及获得了怎样的智慧。

虽然这本书已经进行到尾声，但我们一起走过的旅程并不会就此结束。你还可以加入我的免费社区，与成千上万的优异超敏者建立联系。

最重要的是，通过本书的学习，你已经获得了巨大的转变，绝对值得你为自己喝彩。非常感谢你允许我以向导的身份陪在你身边，走完这一段旅程。就让这最后一页成为你的人生和事业新阶段的起点吧。你已经拥有了你所需要的一切，现在需要做的就是：相信自己！